大是文化

人事面談
全流程實務

主管與人資必備，找人、識人、
薪酬談判、績效考核、離職面談，從好聚到好散，
真實對話演練，檢核表格完整收錄。

吳悅——著

人力資源管理碩士，資深人力資源專家
《企業薪酬精細化管理實操一本通》作者

CONTENTS

第6章 跨部門溝通，公司再小都需要

第7章 解僱是老闆的決定，卻是直屬主管扮黑臉

推薦序

從菜鳥到資深，都能操作應用

「人資主管UP學」部落客、《布局思維》作者／楊琮熙

　　「主管希望我能檢視一下現有的招募面談流程，看看哪裡可以改進，不過我才剛到這公司，不知道從何開始？」、「我被指派要和離職員工訪談，但是他／她們都要離開了，我該和這些員工談些什麼？」、「我最近接了一個跨部門合作的專案，但是，每個部門人員的想法都不一樣，要怎樣溝通才能達成共同目標？」從事人力資源管理工作多年的我，常會遇到剛進到 HR 領域的年輕工作者詢問我上述這類問題。

　　坦白說，作為一個人資工作者，每天要面對各種對話場景：招募面試、入職對談、績效商談、離職面談、各部門協調交流……如果沒有一定的時間與經驗累積，菜鳥人事很難妥善應對。

　　因此，只要遇到年輕 HR 有類似的提問，我都會盡可能解答這些疑惑，而我也會找尋相關書面資料給他們參考。可惜的是，某些書籍或文章裡所談的觀念雖然很好，卻大都缺乏實務操作的指引與步驟。

　　我總在想，在人資工作的面談場景裡，有沒有一本結構完整，

同時也有具體範例與說明的參考書呢？

　　直到最近，大是文化推薦我閱讀《人事面談全流程實務》，讀完後我覺得應該要推薦給所有剛進入這行業的新人，藉此縮短學習曲線，而經驗豐富的專業人士，也可以從中獲得啟發與靈感。

　　書中除了有各種談話範例外，還附上「面試紀錄表」、「績效考核表」、「薪酬談判備案表」、「離職流程表」等表格可供參照。不僅可以幫助讀者全面性的了解流程，也能學習到各種溝通模型，豐富的對談案例都是極為實用的技巧。

　　比如，在績效面談上，作者在講述考績回饋的步驟之餘，同時也提醒讀者，要能保證面談環境的安靜與保密，還要提前三天通知反饋對象，才能讓職員做好準備，有效商談。

　　在跨部門的協調溝通上，作者也點出應該要熟悉不同部門的專業語言，才不會曲解對方的意思，為此還統整出組織內常見的部門業務術語，增加跨部門交流的正確性。

　　很難得見到這樣一本將 HR 的業務內容及實際操作辦法交代得清楚明瞭的工具書，為有志於人事領域的工作者，提供了全面而深入的指導。因此，無論你是新手還是資深的人資工作者，我衷心推薦閱讀《人事面談全流程實務》，透過學習書中的指南和策略，能懂得進一步探索工作對話的各個層面，從而豐富個人面談的實戰經驗。

前言

主管或人資每天面對的大小事，
完整範例收錄

人力資源部門（Human Resources Department），指管理企業內各類人員形成的資源（即把人作為資源）的部門。人資部的員工一般被稱為 HR，不過就算同樣稱為人資，也有不同的工作項目。有的負責徵才，有的幫忙培訓，有的則負責薪酬福利業務。

而在實際工作中，很多人事作業不僅僅在部門內部完成，有些更要與其他部門合作。對人資來說，不僅要會制定計畫、執行工作、傳達指示，還要具備面談能力。

說到底，人資會面臨很多面試，包括應聘、薪酬、績效回饋、跨部門溝通、解僱以及離職面談。這些面談需要掌握一些談話技巧、與人溝通的準則，並且有豐富的經驗來應對過程中出現的突發狀況。這不是一項簡單的工作技能，對新手來說更難掌握。為此，本書從面試、面談出發，從其流程、技巧以及注意事項等方面，提供一些可借鑑的方式。

本書分為三部，共有 8 章內容，分述如下。

◎第一部：第 1～3 章。

徵才中會出現的一些面談情況，包括面試邀約、面試、入職後

面談。按面試的流程來詳細闡述可能出現的情況，以及 HR 要做的準備工作。

　　◎第二部：第 4～6 章。

　　主要介紹在企業內部人事會遇到的溝通情況，包括薪酬談判、績效回饋面談和跨部門的溝通。對於這些面談工作做了詳細的講解，並透過案例來具體說明相關技巧。

　　◎第三部：第 7～8 章。

　　重點講述與員工解除勞務關係時，HR 應該做些什麼，並且如何與員工對談。這要分兩種面向來說明，一是解僱員工，二是員工自動離職。根據情況不同，HR 的處理方式也不同。

　　本書主要針對人資的面談工作進行講解，透過豐富的案例，讓讀者了解實際的面試場景。同時借用圖示來呈現不同面談工作的流程，讓讀者一目瞭然。另外，書中也有提供面試過程所需的一些表格、問卷，讀者可直接參考、使用。

　　希望所有讀者都能從本書中獲益，幫助你最終成為一名合格的 HR。

第 **1** 章

邀對方面談，
怎麼開口他才願意來？

這項工作看似簡單，但直接影響到面試
出席率和最終的錄用率。本章將說明電
話邀約時的流程和步驟，且掌握相關的
資訊表述方法。

01 別在早上九點前打給對方

對 HR 而言，最重要的職責之一就是為公司招募優秀的人才，為企業發展提供源源不斷的動力。徵才時，首先要做的就是以電話邀請應試者前來面試。

根據不同對象通知面試時間

招聘期開始時，需要發布徵才資訊、收集、篩選履歷，並根據履歷上的聯絡方式逐一通知應徵者。這些工作看似簡單，卻需要做好充足的準備，才能讓招募工作順利進行下去。那麼在致電前，HR 要做哪些工作？

第一，要理清自己的思緒，即要清楚電話邀約的目的和原則，並梳理通知面試的要點，包括確定邀約流程、預計邀約的時間等。

‧電話通知面試的目的：在短時間內，了解對方的求職需求和職缺匹配度，並將面試資訊告知應徵者。

‧要遵循的唯一原則就是一定要有結果，不能含糊不清。而結果只有兩種，一是約定成功，二是邀約未成。

打電話約面試看起來雖不值一提，卻是整個工作的核心。當然，也不能忽略約定面試的時間，這要根據不同情況考量。**對象不**

▶▶ 圖表 1-1　邀約時間的考慮標準

邀約對象	具體做法
對方主動投遞	這類求職人員一般處在待業狀態，有明確的求職意向，時間也比較自由，所以可以在一般的上班時段（上午 10 點至下午 5 點）通知。
公司主動搜尋	對於公司在求職網中搜尋的對象，大多是在職人員，求職意向未必明確，工作時間可能比較忙碌，因此最好在下班後，也就是在下午 6 點後通知其面試較為合適。

一樣，邀約的時間也會有所差別，如上表 1-1 所示。

　　一般來說，上午 9 點之前，很多人還處在迷迷糊糊的狀態，要麼是起床洗漱、要麼是在吃早餐、要麼是在通勤，這個時段不是一個高效的交談時間，不建議選擇該區間約面試。**最好在上午 10 點至 11 點或是下午 4 點至 5 點打電話。**

　　第二，要整理好公司的基本資訊，以便在電話中為應徵者解惑。電話邀約面試時，雙方都處在互相了解的階段，因此不僅是 HR 要詢問求職者的個人資訊等，求職者也要對公司的基本情況有所認識。如果不提前準備，只會讓應徵者懷疑人事專員的專業性。而人資要準備的資料有二種：公司的基本資訊，以及相關職位的工作任務。

　　第三，既然要邀請求職者來面試，HR 就要掌握應聘者的基本資料，讓雙方交流得更加順暢。資料包含應徵者目前的個人狀態、對薪資的要求、求職意願是否強烈等。**一定要注意不要發生搞錯求職**

者資料，造成兩者兜不攏的情形。

　　第四，要了解公司周邊的交通情況和路線，並整理成有用的資訊，這樣在打電話通知時，就能為應徵者解答了。

用文字通知，對方稱謂不可少

　　在做足事前準備工作後，HR 就可以打電話給求職者。在致電通知時，要掌握一定的談話技巧，將面試資訊完整的傳達給應聘者，後面的小節中也會進行相關的說明介紹。

　　在掛掉電話後，人資必須做的就是將電話中的重點內容**以文字的形式發送給求職者**，以免他忘記面試的重要資訊，也能提高他依約前來的成功率。人事人員可以選擇用簡訊或郵件的方式發送資訊，在編輯簡訊或郵件時，要注意用語是否專業、態度是否平和。雖然只是簡短的通知信，但 HR 要是做得好，就能給對方留下一個好印象（參見右頁圖表 1-2）。

　　了解面試通知應該具備的內容後，HR 在編寫書面通知信件時，應該注意些什麼？

　　・**求職者稱謂**：應徵者稱謂要放在最前方，一般來說用「姓氏＋先生／小姐」來稱呼就可以了，比方說：「親愛的周先生，您好。」徵才人數較多的時候，為了避免造成混亂，可以稱呼應聘者的全名。**對於特殊職業，也可用職業來稱呼，比如王律師。**

▶▶ **圖表 1-2 面試通知的主要內容**

通知要素	具體內容
基本要素	1. 面試時間：與電話通知面試的內容相符。 2. 面試地點：寫清楚公司地址，以免應徵者理解有誤。 3. 聯絡電話：主要為求職者解惑而準備。
額外要素	1. 須準備的面試資料：以簡潔為主。 2. 交通路線：這是體貼的展現，一般來說，人資可以提醒求職者公司周邊的大眾交通路線，以便選擇適宜的方式參加面試。 3. 天氣提示：為了表達公司的關心，人事還可以簡單說明近來的天氣變化，主要針對高溫和降溫兩種特殊情況。 4. 面試時長：例如，此次面試時間大概在 30 分鐘以內。

・**自我介紹**：在正文開頭應直接介紹自己的身分，且要包含公司名稱、自身職位和姓名，像是：「我是剛才與您聯絡的××公司 HR 周××。」

・**正文內容**：要簡潔並且具全面性，也要注意語氣不要太過生硬。人資可以根據招募的職缺性質來改變語氣，媒體、行銷類行業的行文風格可以輕鬆一點，法律、商務類行業的行文風格則可以嚴謹、專業一點。

・**署名**：通知信最後不能缺少署名，一般要附上人事專員的姓名、聯絡電話和公司名稱，便於求職者快速找到有用的資訊。

下面來看看有哪些常見的簡訊通知面試範本。

‧通知面試的簡訊範例 1

親愛的周某小姐，我是××企業的 HR 羅某，經過初步審核覺得您比較適合應聘本公司的××職位，請您於明天上午 10：30（2020 年 3 月 4 日）來參加統一面試。

我們公司的地址是……。

如因故不能按時到達或者不能參加面試，請提前與我們聯絡，聯絡電話為××，聯絡窗口是陳小姐，收到請回覆，謝謝！

最後附上本公司的網站 www.××××.com，您可以進入網站了解更多公司相關資訊。

‧通知面試的簡訊範例 2

周某小姐，您好！我們是××公司人資部，感謝您投遞××職缺履歷，我們初步認為您所具備的能力與應聘需求相符，遂邀請您前來參加面試。

面試時間：下週三 15：00（2020 年 3 月 4 日）。

聯絡電話：××。（如因故不能按時到達，煩請提前與我們聯絡！謝謝！）

公司地址：××區××大道××號。

（公司名稱＋HR 姓名）

（發送簡訊的日期）

> **‧通知面試的簡訊範例 3**
>
> 周先生／小姐：
>
> 我們是××公司人資部，您的能力非常符合我們公司××職位的徵才需求，請您於 2020 年 3 月 4 日 15：00 前來參加面試（如有變更，請提前通知）。
>
> 屆時請攜帶您的個人履歷、身分證影本 1 份前來面試，面試時間大約為 30 分鐘。面試地址為××區××大道××號，附近有直達公車××號、××號，您可以在××站下車，往西直行 200 公尺即可到達。
>
> 最近多雨，出門請注意帶傘。
>
> 公司電話：××
> 人資部信箱：××@××.com
> ××公司人力資源部
> 2020 年 3 月 1 日

複試通知範例，加深雙方了解度

在求職者如約面試後，一般不會當場錄取，而是需要回家等消息，通常會在一週內通知應聘者是否就職。有的公司由於面試人數較多、職位性質特殊，可能會安排複試。藉由複試，面試者和面試官之間的了解也會更加全面。

此時，HR 還要完成複試通知，這項工作與初試邀約十分相似，只要掌握初試邀約的要點，就能輕鬆完成。複試通知的形式可以是

電話、簡訊或郵件。

由於已經進入複試階段，所以在與面試者溝通時少了很多互相問答的環節，電話通知與文本通知幾乎無異，在此只講解書面通知的基本內容（參考下列範例1、2）。複試通知的內容與初試差不多，只不過需要將初試改為複試。

・通知複試的簡訊範例1

××先生／小姐：

承蒙您對本公司的熱誠與愛護，謹致謝忱之意。日前您參加本公司初試，經評審考核為優。為進一步了解，本公司希望再次與您面談，以做最後的決定，敬請於2020年3月10日（星期二）15：00來本公司參加複試。

如果您時間上有不便之處或任何困難，請來電與人資部聯絡（聯絡電話：××），收到請回覆，謝謝！

××股份有限公司

人資部

2020年3月8日

・通知複試的簡訊範例2

親愛的王小姐／先生：

您好！

經過3月4日的初步交流，恭喜您通過本公司××職缺的初試，請

（接下頁）

於約定時間攜帶個人履歷前往本公司參加複試。若時間上有任何不便之處請提前一天通知，謝謝！

複試時間：2020 年 3 月 9 日（週一），16：00。

複試地址：××市××區××大道××號。

複試負責人：羅先生，134×××××××××（有任何疑問，可來電諮詢）。

乘車方式：

路線 1：乘坐 2、38 號公車，在「××工業區」站下車即可。

路線 2：乘坐 21、80 號公車，在「 ××街」站下車，往前走到十字路口處。

歡迎優秀的您加入××有限公司，共創美好明天！收到請回覆。

恭喜應聘者成功錄取

面試的目的是為公司招到合適人才，所以只有兩個結果——聘用和淘汰。針對這兩者，HR 要盡快在對的時機通知求職者，以免耽誤雙方時間。

一般來說，人資不會當面拒絕應聘者，因此會在面試結束後請面試者回去等通知。如果成功錄用，HR 要親自打電話通知對方，在得到確認入職的回覆後，再發郵件提醒應聘者一些注意事項；而未成功的求職者，一般只會以簡訊通知，並簡單說明情況。

針對錄取者，HR 在電話通知時應該注意些什麼？第一，要包含

人事的身分、面試結果、求職者回覆和入職資訊四大內容。第二，對話要溫和、進退有度，給對方充分的緩衝時間。以下為恭喜應聘者成功錄取的對話示例：

‧通知面試成功的對話示例

HR：「您好！我們是××有限公司人力資源部，請問是王××小姐嗎？」

面試者：「是的。」

HR：「恭喜您，您已經通過了我們公司的面試，請問您什麼時間可以到職呢？」

面試者：「哦，太好了！隨時都可以。」

HR：「那請您在本月10日前來公司辦理入職手續，可以嗎？」

面試者：「好的。」

HR：「辦理入職手續的相關注意事項，我們稍後會用電子郵件發送到您的信箱中，請注意查收。」

面試者：「好的，謝謝。」

HR：「期待您加入本公司，共同發展。」

‧通知入職的郵件範本

××先生／小姐：

您好！非常感謝您對××公司的關注和信任！

您應聘本公司××部××一職，經過各項面試環節，鑑於您的表現

（接下頁）

與該職位相符，依據××公司招募流程予以錄用。

在此人力資源部代表公司對您的加入表示熱烈的歡迎，相信您的到來，將為公司注入新血，帶來新的活力！公司也將成為您發揮和發展的平臺。

請您於3月5日10：00攜帶下列證件和資料到人力資源部報到。

（1）身分證。

（2）學歷證明正本。

（3）一寸照片兩張。

（4）體檢報告（除了常規體檢外，還應包含X光和心電圖檢查）。

（5）上家公司離職證明（應屆生可免）。

報到後，本公司會在愉快的氣氛中，為您進行職前介紹、工作契約簽訂、入職安排等事宜。並將舉行新進員工培訓，包括讓您知道本公司的相關管理制度、流程及其他注意事項，使您在本公司工作期間順利、愉快。如果您有何疑惑或困難，請與人力資源部聯絡。

××公司人力資源部

電話：××

針對未錄取者，公司的普遍做法是簡訊通知，既能避免電話溝通的尷尬，又能表達公司的友好，用簡訊通知時應注意以下五點：

1. 稱謂最好用全名。雖然是回絕，但也要表示出公司曾認真考慮過，所以最好用全名稱呼對方，這也是對面試者的尊重。

2. 表示感謝。對於對方付出的時間和對公司的認可，人資應該表示一定的感謝，這是基本的禮貌。

3. 提及面試者的優勢。由於是回絕，因此為了不打擊對方，HR還應該提出其優秀或專業的一面。

4. 回絕理由不能少。這是給面試者一個交代，無論是什麼理由，人事一定要婉轉提出，不要打擊對方的自信心。

5. 表達期望。在行文結尾處，還要表達對面試者的期望，鼓勵其繼續努力，不要放棄。

‧回絕面試者的簡訊範例 1

××先生／小姐，非常感謝您對××公司的關注及支持。您在應聘時的良好表現給我們留下了深刻的印象。但是，面試小組認為您目前暫時不適合××職位。不過，公司會保留您的求職資料以備將來所需，如有合適的職位也會及時向您推薦。祝您未來求職及工作順利。

××公司人資部

‧回絕面試者的簡訊範例 2

××先生／小姐，感謝您抽出時間前來應聘，我們非常看重您的能力，但因該職缺名額有限，我們已確定了最適合的人選。您的資料已被納入公司資料庫，有需要時我們會再和您聯繫，再次感謝您對本公司的關注。祝您一切順利。

××公司人資部

・回絕面試者的簡訊範例 3

　　××先生／小姐，感謝您對本公司的認同並前來面試，您在面試中的良好表現給我們留下了深刻的印象。您在軟體程式設計方面的經驗充足，想法也很特別，但業務工作還有些欠缺，不如先找適合自己的工作，一定會有所進步。非常遺憾未能與您成為同事，希望您今後能繼續關注本公司。

××公司人資部

02 光聽第一聲「喂」，
就能判斷對方心情

打電話邀約面試，首先就要向其表明身分，並詢問對方是否方便接電話，以免應聘者誤以為是詐騙電話或騷擾電話。在表明身分時，一定要注意以下三點。

1. HR 的身分資訊應該包括公司名稱、自身職位和姓名。

2. 向應徵者說明公司名稱時，要注意語速不能太快，保證求職者能聽清楚。

3. 最好說明收到的履歷來源，如網路平臺、朋友推薦等。這是為了讓面試者確認公司獲得其資訊的合理性。

> **・表明身分範例 1**
>
> HR：「喂，您好，我是××公司的人資專員展×。」
>
> 應聘者：「你好。」
>
> HR：「請問您是趙××小姐嗎？」
>
> 應聘者：「是的。」
>
> HR：「我們在××求職網上收到您的履歷，您還記得嗎？」
>
> 應聘者：「哦，對的。」

‧表明身分範例 2

HR：「喂，您好，請問是周××小姐嗎？」

求職者：「是的，你是？」

HR：「我是××公司人力資源部主管，我姓羅，請問您現在方便說話嗎？」

求職者：「方便。」

HR：「您是否在××求職網上向我們公司投遞了履歷？」

求職者：「是的。」

‧表明身分範例 3

HR：「喂，您好，我是××公司的人資專員曾××，請問您是歐陽××先生嗎？」

面試者：「是的。」

HR：「您現在說話方便嗎？」

面試者：「不好意思，我現在在處理工作。」

HR：「不好意思，打擾了，想請問您什麼時候方便？我們好再次致電。」

面試者：「下午6點吧。」

‧表明身分範例 4

HR：「喂，您好，請問是李××小姐嗎？」

應徵者：「是的。」

（接下頁）

> HR：「我是××公司的人力資源主管張××。」
>
> 應徵者：「你好。」
>
> HR：「據趙××先生介紹，您擁有多年的網路技術維護工作經驗，且最近在考慮更換工作，不知道您有沒有興趣考慮我們公司？」

確認面試職位及職責

表明身分後，就可以進入面試邀約主要談話中了。這時人事人員要做的第一件事，就是確認求職者是否應聘了某職位，並是否清楚該職缺的基本職責。若對方全然不知，人資有必要簡單說明，並掌握應聘者的求職意願。

人資在該階段主要做三件事，一是確定雙方對應聘職位理解的一致性；二是讓求職者明白本公司該職位的主要職責；三是探究應聘者是否對該職位還有興趣，若無興趣，就盡快結束談話。

> · **確認面試職位職責範例 1**
>
> HR：「王先生，您現在還是在職狀態嗎？」
>
> 求職者：「目前待業中。」
>
> HR：「你在××求職網上投遞本公司的銷售業務員職缺，從履歷上看，您沒有這方面的經驗，您有事先了解這工作主要做什麼嗎？」
>
> 求職者：「就我所知，是銷售產品的。」
>
> HR：「王先生，我們公司是專門賣清潔劑銷售的，業務員需要經

（接下頁）

過一段時間的培訓，對產品有一定了解後，才會進行實體銷售。這點您清楚嗎？」

　　求職者：「我大概理解了。」

　　HR：「那您還願意嘗試這份工作嗎？」

　　求職者：「我可以。」

‧確認面試職位職責範例 2

　　HR：「從履歷來看，您很符合我們公司目前招募的軟體工程師職位，您以前是負責什麼工作呢？」

　　面試者：「之前我的工作主要是參與軟體工程系統的設計、開發，然後指導程式設計師工作。」

　　HR：「哦，那您之前的工作與本公司的職位要求差不多，不過我們可能會要求工程師陪同專案經理一起進行客戶調查，並在每季度末編寫各種軟體說明書。」

　　面試者：「這些我都能勝任。」

　　HR：「那太好了。」

機動調整面試時間，增加邀約成功率

　　在確定應聘者的面試意願後，人事人員應立即約定面試時間，在交談時要注意以下問題。

1. 為了提高成功率，面試時間不宜定得太死板，應該給求職者多時段選擇，以免面試者出現不能按時趕到的情況，輕易放棄。

2. 日期不能含糊，一定要講明是幾月幾日。

3. 面試時段最好用 24 小時制來表示，如 15：00～17：00。

4. 面試日期不宜定得太近或太遠，**最好定在 3～5 天內**。太近面試者來不及準備，太遠面試者可能會忘記或已經找到工作。

· 約定時間範例 1

HR：「那李先生您最近有時間嗎？」

應聘者：「哦，有的。」

HR：「您在 3 月 15 日能來公司面試嗎？」

應聘者：「沒問題。」

HR：「我們的面試時間為 14：00～16：00。」

應聘者：「好的，我知道了。」

· 約定時間範例 2

HR：「趙小姐，您近期能來面試嗎？同時您也可以對我們公司做進一步的了解。」

求職者：「這兩天可能不太方便。」

HR：「我們公司在 3 月 8 日、10 日和 12 日都會進行徵才，您可以選擇時間方便的日期前來面試。」

求職者：「我 8 日可以。」

（接下頁）

HR：「好的，請您於 2020 年 3 月 8 日 13：00 至 15：00 來本公司參加面試。」

求職者：「好的。」

HR：「稍後我會將注意事項發送到您的信箱，請您注意查收。」

求職者：「謝謝。」

HR：「您的信箱是……對嗎？」

求職者：「是的，沒錯。」

詢問面試者感興趣的話題

約好面試時間後，一般來說可以結束對話。但如果面試者還有感興趣的話題，HR 可以與其交流，並回答其問題。如果無法答覆求職者的詢問，應告知對方可在面試時提出，由面試官解答。

人資在打電話邀約面試時，最常遇到的問題有兩類：**一類是薪資，另一類是公司福利**，在回答應聘者這些問題時，不要用肯定的說法，只須將公司的基本薪資和基礎福利告知對方即可，具體的數字應由面試官根據面試者的能力和資歷來決定。

・答疑範例 1

HR：「那麼，您還有什麼問題嗎？」

求職者：「哦，我想知道我應聘的編輯職缺的薪資待遇如何？」

HR：「我們公司的編輯職缺都是採用基本薪水＋績效獎金的模式

（接下頁）

來定薪，基本工資是每月 28,000 元，而績效獎金要視工作量而定。」

求職者：「那編輯的平均薪水大概是多少呢？」

HR：「本公司的一般編輯每月平均薪資可能在 35,000 元左右。」

求職者：「好的，我了解了。」

‧答疑範例 2

HR：「王小姐，對於本公司您還有什麼需要了解的嗎？」

面試者：「我對你們公司的福利比較感興趣。」

HR：「我們公司按照國家法律規定實行勞健保的福利待遇，到職日當天就會為您辦理相關手續。」

面試者：「除了勞健保，還有沒有別的福利呢？」

HR：「除了基本福利，公司在三節假期會為員工準備過節禮品，並提供部門聚餐；夏季高溫炎熱，公司也會提供解暑飲料；每年公司會安排一次體檢、一次國內旅遊。」

面試者：「每個員工都能享有嗎？」

HR：「基本上正式員工都可以，不過績效需要達標。具體的福利您可以詢問面試官。」

面試者：「好的，謝謝。」

知識延伸　面試邀約後的工作

在完成面試邀約的工作後，還沒有完全結束。對於面試中的主要資訊，人資應予以記錄，包括面試的最終時間、應聘者的態度表現等，可以作為之後面試的輔助資料，以供面試官參考。

　　HR 在打電話邀約面試時，可能會被掛電話，也可能遭到對方厭煩，所以不是一件輕鬆的事。為了做好這項工作，你至少要掌握一些基本的對話技巧，以應對多變的情況。

　　1. 電話邀約前，準備好該求職者的履歷，並標出不完整或不清楚的地方，以便在電話中確認。

　　2. 懂得誇讚以拉近雙方的距離，對於應聘者在學歷和工作經驗方面的優勢，應適時予以稱讚。

　　3. 為了讓求職者重視面試機會，可有意無意透露公司的徵才範圍很廣、面試的人才很多，並且有完整的篩選流程。

　　除了上述一些通用技巧，為了達到提高面試到談率的目的，HR 最應該掌握判斷面試者狀態的技能，以便有所應對。

　　如何透過電話交流來判斷應聘者的心態？我們可以根據求職者的用語，將其分為以下幾種類型。

・態度敷衍型

　　這類型的應聘者在對話中不會表露出自己的求職意願，人資就要想辦法問出其是個什麼樣的求職者，如下例所示：

　　某文創公司最近要招一批新的文案策劃，所以在某求職平臺上發布了徵人資訊。一週以來，陸續收到一些履歷，經過 HR 的篩選，鎖定

了10個求職者，接著便對相關人員進行面試邀約。週五上午，人資專員王某撥通了某應聘者的電話。「喂。」對方聲音含糊，顯得沒有絲毫精神。「您好，我是××公司的人資專員，我姓王，您之前在××求職平臺上向本公司投遞了履歷，您還記得嗎？」「嗯，對，你說。」對方好像處於未醒狀態，並沒有留意人事的資訊。

面對以上情況，HR 都會很無奈，恨不得立刻掛斷電話。但是，專業的人資不會這樣做。為了不失體面的結束對話，又要更準確的了解求職者態度，這時可採用問句，得到應聘者的態度回饋。可以對其說：「請問您現在是不是不方便講話，如果不方便，我們可以另外約時間？」

面對這個問題，不同的應試者會有不同回答。**一是職業型**，這類人員對求職行為較為重視，他的答覆會給人資正面積極的感覺，其可能會說：「不用，現在沒問題，您請繼續。」、「如果可以，請約在明天吧，謝謝。」

二是閒散型，這類人員對工作的態度很無所謂，回答也會顯得很隨意，其會說：「嗯，好吧。」或「嗯，再見。」

遇到第一種類型，人事人員還可以努力一下，盡量邀約使其成功前來面試。而**面對第二種類型，就可以直接掛電話了。**

．防備心重型

這樣的求職者防備心理很重，無法正常與其溝通，也沒辦法從

對話中得到有用的資訊，只能速戰速決，盡快提出面試邀請，如果對方不能爽快答應，請即刻放棄。

他們從來不正面回答人資的問題，總是顧左右而言他：

HR：「請問您還對我們的職位感興趣嗎？」

應聘者：「我對這項職位比較熟悉，也一直是做這行的。」

HR：「根據履歷資訊，您取得了從業資格證是嗎？」

應聘者：「是的，我之前考的。」

HR：「哦，那您方便本月4日來面試嗎？」

應聘者：「我不知道，可能可以，不過也可能有其他事。」

HR：「哦，其實我們本月6日和8日也有面試，您可以自行選擇。」

應聘者：「嗯，我這段時間的安排都不太確定。」

・心高氣傲型

這種求職者可能是很有能力，也可能是眼高手低型，接電話時，他們的態度往往不屑一顧，容易打斷人資的話。這時要盡量展現專業，完成此次對話，並將應聘者的個人態度記錄下來，留待面試官參考：

應試者：「喂，有什麼事？」

HR：「您好，我是××公司的人資陳××，您記得之前向我們公司投遞了履歷嗎？」

應試者：「嗯，好像有這麼一回事。」

HR：「請問您方便來參加面試嗎？」

應試者：「這個嘛……這個工作具體要做些什麼？」

HR：「公司主要會要求設計師根據客戶需求設計出優良產品。」

應試者：「那你們能給我多少薪水呢？少於 50,000 元那就沒什麼好說的了。」

HR：「薪資問題不是我們能決定的，如果您能來參加面試，可以與面試官討論。」

由上述案例可知這種求職者可能初出茅廬，還不曾接受社會的考驗和鍛鍊，難堪大任。對這類應試者，HR 不用表現得太熱情，也不要把機會放在其身上。而對於學歷和各方面能力都出眾的應聘者，人資要學會等待，保存其履歷，為日後做更好安排。

· 熱情回應型

回應十分熱情的應聘者相當上進，也較看重工作機會，因此應對會非常積極，這對人事來說是一件好事，因為這樣的求職者很容易溝通。人事人員要冷靜、細心的提醒面試者注意事項：

HR：「喂，您好，我是××公司的人資陳××，請問您是王××先生嗎？」

求職者：「你好，是的，我是王××。」

HR：「您近期是否投了我們公司的行政職缺？」

求職者：「對，沒錯沒錯。」

HR：「您可以在3月6日來我們公司參加面試嗎？」

求職者：「當然沒有問題。」

HR：「好的，王先生，待會我們會將具體的注意事項以簡訊的形式發送到您的手機。請您仔細閱讀，如有任何疑問可立即詢問我。」

求職者：「好的，我會注意查收。」

・專業能力型

專業型的應聘者最不讓人事費心，其態度緩和，談吐得體，自信又大方。從對話中，就能感受到求職者對自己的職業安排非常明確，與人交往也能做到有條有理。

面對這樣的專業型人才，一些不必要的對話技巧能免則免、減少寒暄，多以能力、工作經驗等內容為主：

HR：「喂，您好，我是××公司的人資專員，我姓羅，您是王××先生嗎？您昨天向我們公司投遞了首席設計師的職位對嗎？」

應聘者：「是的，我從大學畢業一直從事設計行業，之前在大城市擔任設計工作組的組長，這次回家鄉尋找機會，幾經選擇，覺得貴公司的職位對我很有吸引力。」

HR：「我們公司的首席設計師主要是做產品開發、設計和優化，並定期提供初級設計師培訓，您對這些方面了解嗎？」

　　應聘者：「當然，我之前的工作經歷也免不了為設計師提供技能協助，並將工作中最主要的知識教給他們。」

　　HR：「好的，那您近期方便來公司面試嗎？」

　　應聘者：「請問具體是哪一天呢？」

　　HR：「後天，也就是 3 月 13 日。」

　　應聘者：「可以，沒有問題。」

如何提高面試到談率

　　很多人資都面臨一個問題，就是面試率為什麼總是出乎意料的低，很多人雖然當時口頭答應會前去面試，但當天又「沒有出現」（No Show）。如果想要提高面試到談率，怎麼邀約非常重要。那麼應該注意哪些問題呢？

　　·**措辭有原則**。在用語上一定要注意，要遵守「簡潔、直接」的原則，不要太過囉唆引起反感，表述也要直接有效，以免顯得不夠真誠。

　　·**對話有流程**。對話時，人資專員心裡要有一個流程，不能隨意開啟某個話題，打亂交談節奏，讓人搞不清重點，也不知道什麼時候結束對話。一般來說，電話邀約的基本流程是：**確認應徵項目→確認職位→詢問工作經歷→邀請面試→確認日期和時間→回答疑惑之處**。

・**避免敏感問題**。薪資是比較敏感的話題，所以不要主動涉及這些問題。如果應聘者問起，可以輕輕帶過，將敏感問題引到面試中去談。

・**做好細節處**。最後確定面試時間和地點，人事人員還可以透過求職者提供的履歷地址，製作詳細的乘車路線，方便其前來面試。唯有在各個細節處都做好，才能將工作效果變得最好。

除了以上幾點需要特別留意，HR 尚須了解：

1. 開頭問好不能少，且要立即確認對方是否方便接聽電話。

2. 在對話中有意無意提到公司的規模和優勢。

3. 告知對方通過公司的履歷篩選流程，初試合格，暗示企業徵才是有門檻的。

4. 確定時間後，一定要複誦一次，以提醒面試者。

5. 當天再打一次電話提醒應聘者，便可有效提高面試到談率。

6. 結束後，對沒有到場的人員，HR 可以了解其未出席的原因，方便日後不斷改進自己的工作內容。

03 錄用或不錄用，理由都要很慎重

面試者成功被錄用後，HR 最重要的一項工作就是為其發送錄取信（Offer Letter），可以用電話、簡訊、郵件和紙本信件等通知。

錄取信必須正式向求職者提供到職日期、薪酬、工作時間和職務等。除了向應聘者傳遞不可或缺的資訊外，錄取信的外觀設計（電話、簡訊除外）也不能忽視，它可以展現公司的外在形象和專業性。

對於較大的企業來說，為了展示公司的整體形象，一般會找專業的設計公司，按照公司要求設計，人資可以依據統一的範本發送。對於中小型企業，公司可能不會規定外觀設計，直接交由人力資源部門自己做主。作為一名負責任的 HR，可以自己製作錄取信的範本，且統一使用。

告知錄用與否要慎重，禁用歧視性詞彙

面試結果的回饋我們都知道只有兩種結果：一是錄用，二是回絕。人資在發送時，要慎重再慎重，遵守相關原則，以免有損企業形象，或是給企業帶來風險。

在發送拒絕錄用資訊時，要注意以下幾個原則。第一，**用語不**

要過於直接，懂得委婉和「**善意的謊言**」。第二，言辭間傳遞的是正面想法，而不是負面情緒。第三，**禁用歧視性詞彙**，包括性別、相貌、地域、宗教、民族、學歷等，否則對公司整體形象會大有影響。第四，透過專業知識給予應聘者職業規畫等幫助，附加貢獻能帶來意想不到的效果，並得到他們的感謝和友好。

在發出錄取信的時候，HR 也要注意以下一些基本要點：

1. 在面試官統一考慮後，得出確定的人員才能發出錄取信，寄出之前，還要再三確認。

2. 在發出信件前，人資一定要對面試者進行身分背景調查，確認資料的真實性。

3. 要寫明應試者的回覆時間，並注明「若未在規定時間內答覆，則失去錄取資格」。

4. 信中須列出附加條件，例如，企業不予錄用的基本情況有：不實履歷、員工健康狀況等。

5. 企業徵人時，常常會出現錄取信與勞動契約有落差，為了規避風險，一般要在信中加註：「若錄取信與勞動契約二者內容不一致，以雙方簽訂的契約為準。」

第 **2** 章

找人第一關，
人事先把關

在面試過程中，HR不僅要考核求職者，
也考驗自己的面試技能。只有了解不同
的面試方式，並根據實際情況合理利
用，再輔以肢體語言，才能使面試達到
最佳效果。

01 初試到複試，時間不要拖過五天

　　面試是公司招募流程中非常重要的一環，HR 作為其中的核心人物，如果想要順利完成聘用，就必須梳理出一套面試流程，並按照科學、嚴謹的程序完成聘任工作（參見圖表 2-1）。

▶▶ 圖表 2-1　面試基本流程

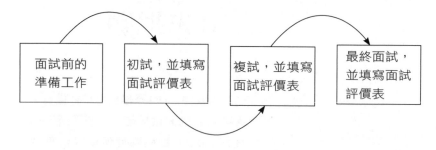

　　正式開始面試之前，HR 還必須對相關的工作有所準備，目的是有效展開面試。透過上述無數的實例，我們可以知道，事前準備工作將大大影響最後的錄用率。

　　很多時候，人資可能會面臨這樣的情況，看好某位求職者，然而最後他卻放棄就職，主要原因就是該應聘者在面試時，對公司的印象不好，所以你可以從以下幾個部分做準備。

（1）細讀履歷

沒有經驗的新手 HR 可能會在面試當天查閱履歷，這樣不僅時間倉促，而且對每一位面試者的了解程度都不深，難以從各個方面提問。

因此，為了使面試環節更加流暢，人事人員要提前熟悉每封履歷，重點查看以下三個方面的資訊。

- ‧相關工作經驗及工作績效。
- ‧受教育程度與接受額外技能培訓，如英語、會計。
- ‧應試者的工作意向。

對於履歷中沒有涉及或有疑義的內容，HR 應順手標在履歷中，以便在面試中提出來（參見圖表 2-2）。

▶▶ 圖表 2-2　常見的履歷標注內容

注意方向	具體內容
工作空窗期	如果應徵者的工作經歷裡出現空窗期，HR 可以特別留意，並在面試時提出，請應試者告知原因，尤其是長時間（超過三個月）的空檔。
勤換工作	如果面試者近一、兩年頻繁更換工作，就要注意這其中是否有什麼嚴重問題，比如工作能力不達標、不善於團隊溝通或是其他客觀原因，需要請求職者做出合理解釋。

（接下頁）

注意方向	具體內容
額外進修經歷	應聘者的額外進修經歷展現了其上進好學的人生態度；然而，如果面試者從未有過這樣的經驗，HR 應在面試中考察其求知欲和學習能力，並了解其是否有繼續進修的意願。
離職原因	一般來說，求職者的履歷中看不出其離職原因，不過，人資必須掌握這個部分，可以從應聘者最後一次的工作經歷中著手。
錯誤內容	履歷上出現前後矛盾、日期有誤等，要及時標注在履歷中，並在之後的身分背景調查環節中仔細核對。

（2）準備相關面試用品

· 提供茶水。 在徵才期間，不會只有一個應聘者前來面試，公司應在等候區提供茶水，顯得對此次招募活動的重視。提供茶水、點心，還可以消解面試者等待的焦慮。

· 公司宣傳手冊。 在求職者等待面試時，可以向其發放公司的宣傳手冊（公司簡介、發展、產品、福利和團隊氛圍等），以便應試者全面性的理解公司，同時，也可以加大面試者留下的概率。

· 公司宣傳影片。 若公司有自己的宣傳影片，可以在等候區透過電視或投影設備重複播放，讓求職者深刻了解公司規模。

· 公司宣傳海報。 HR 可以在面試區拉一條橫幅或貼上海報，展現出企業文化，其內容可以是公司的發展理念、文化標語等。

（3）HR 的衣著要得體

面試其實是人資和求職者的雙向選擇，不只是人事專員單方面考察面試者，應聘者也會從 HR 的言談舉止、衣著打扮分析其專業性。為了給人留下專業、幹練的形象，人資也要注意自己的衣著打扮，穿著得體是對他人的尊重，HR 應該做到以下三點。

- 男性面容乾淨，女性面容清爽，不用特別化濃妝。
- 男性要刮鬍子，打理好髮型；女性最好梳包頭，就算把頭髮放下來也要記得打理整齊並露出耳朵，不能披頭散髮。
- 男女面試服飾一般選擇襯衫搭配西裝外套，也可以是全套西裝，但不可穿著休閒服、運動服。

除此之外，人資在面試前，還有一些工作需要準備：

- 給前臺一份面試人員的資料，並交代前臺要做好接待工作，為應試者領路、提供茶水。
- 整理當天面試相關資料，根據求職者的姓名筆劃依序將履歷放好，以便依照不同的應聘者找出相對應的履歷。
- 安排面試區和等候區，確保設備、用電、網路等沒有問題。
- 面試前一天，與全部面試官討論，並提出各自認可的優秀人才。另外，也須提前分配好面試提問，避免重複提出。

・人事人員還要準備好個人的面試問題，一是自己想問的，二是必須問的。

知識延伸　裝飾人資部

在開始面試前，HR 可以適當的裝飾一下人資部，擺放一些物品，提升辦公室的格調，包括大氣一點的裝飾品、綠色植物以及辦公設備等，但要注意物品風格必須統一，才會讓面試者覺得辦公環境還不錯。

面試，是一種雙向交流的機會，能使公司和應聘者之間相互了解，從而更準確的做出聘用、受聘與否的決定。不過，公司面試一般不會只有一次，多數時候會有複試，有的甚至還有第三次最終面試。

在初試時，面試官要初步了解面試者，但是，要想在短時間內快速認識對方並不是一件容易的事。HR 應該從工作經驗、價值觀等方向提問，且根據面試者的回答，大致判斷其是否符合公司的招人條件，如圖表 2-3 所示。

▶▶ 圖表 2-3　初步確認求職者的各項能力

了解方向	具體分析
整體印象	面試開始後，先簡單寒暄，拉近雙方距離，然後從應試者的禮儀、穿著、用語等方面，對其有一個整體判斷，比如：這個求職者是內向還是外向，是細心還是粗心，是有禮貌的還是無禮。

（接下頁）

了解方向	具體分析
表達能力	在一系列的問題中，對求職者的語言表達能力有一個大致印象，並有所記錄，考察的面向主要有：語言邏輯性、是否有用修辭、口頭禪等。
應變能力	HR 要重視應聘者的臨場反應，如果應聘者在一些意想不到的問題上有著機智回應，就要記一好評。
價值觀	這是對應試者的人生態度、工作態度的總體考量，一般會透過以下這些問題來判斷： 1. 離職原因。 2. 關注的行業發展動向。 3. 看重工作薪資、晉升空間。
興趣愛好	多加了解面試者的興趣愛好，從中判斷對方的求知欲、性格、學習能力以及知識涵養。

複試環節，部門主管是主面試官

透過複試，能加深人事人員和面試者之間的認識，雙方都能做出最準確的判斷。由於已經通過初試，所以留下的求職者基本上達到公司的錄用標準，接下來就該具體了解其工作能力、抗壓能力等。

複試的時間一般在初試之後，但時間不可隔得太遠，可以是初試當天至初試後五天內。複試與初試的基本形式一樣，也是在特定場所，以面試官和應聘者雙方的交談、觀察為主。**而複試的形式有兩種，一種是一對一面談，另一種是多對一面談。**

在複試環節，人力資源部參與的不是很多，尤其是一對一面談，面試者主要與該部門的主管交流，HR 只須做一些銜接工作。只有在多對一面談的情況下，人資可能會以副面試官的身分出席，並輔助主面試官完成面試工作。

> **知識延伸　什麼是最終面試**
>
> 　　最終面試是面試環節的最後一步，有的公司沒有這個環節，一般大型的企業徵才活動才會有。最終面試大多是由公司總經理、部門主管等管理階層人員擔任面試官，HR 在此階段沒有特別緊要的工作，一般是幫忙整理資料、通知面試等。

在面試中，HR 會使用「面試紀錄表」（參見圖表 2-4），以便針對面談記錄重點，方便得出最終結果。

▶▶ 圖表 2-4　面試紀錄表

序號：

姓名		面試 負責人		應聘 職位	
面試 時長		期望 薪酬		聯絡 電話	
其他個人情況：					

（接下頁）

考察專案	考察內容	很高	較高	一般	較低	很低
專業知識	教育背景是否符合本職位所須掌握的業務知識。					
工作技能	工作經驗、業務技能與本職位需求的匹配程度，是否具備溝通能力、表達能力。					
合作精神	有良好的團隊合作精神、集體意識。					
職業道德水準	儀表乾淨、言談得當、舉止得體、具有良好職業道德。					
工作穩定性	擇業動機、職業規畫，與本職位的匹配程度。					
其他						
總體評價：						
面試結果	□錄用 □候補 □進一步面談 □放棄 □轉： 職位／部門					
部門名稱			面試負責人			

複試比初試還要複雜一些，HR 在這個環節也要做更多工作，如圖表 2-5 所示。

▶▶ **圖表 2-5　HR 的複試工作內容**

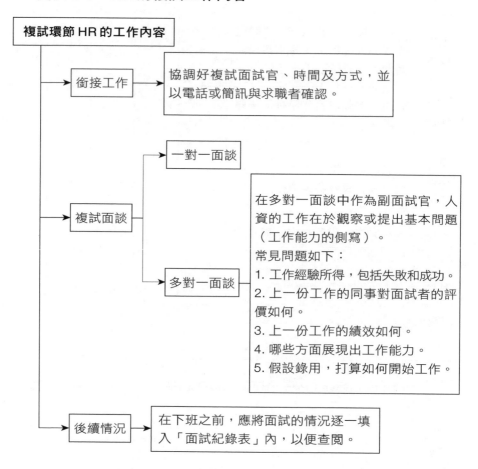

02 不能憑感覺，
5 種科學化面試技巧

　　作為企業的人力資源管理員，應該明確知道自己的角色定位、清楚企業的人才需求，並且掌握科學化的面談方式。那麼，讓我們一起來看看人事專員常用的面談方式有哪些吧。

統一命題的結構化面試

　　結構式面試（Structured Interview，又稱標準化面試），是指在面試前，根據職位的徵人需求，按照固定的程序，採用統一的題庫、評分標準和評分方法進行面試面談，對求職者進行評測，判斷是否符合招募要求。有關結構式面試的特點如下列圖表 2-6 所示。

▶▶ 圖表 2-6　結構式面試的特點

特點	具體內容
面試題庫	為了深入分析工作，要羅列出不同工作中值得鼓勵和批評的事例，並分發給各部門的執行人員，由他們評價這些具體事例，形成面試題庫。題庫中包括許多考核要素，例如：知識、技能、品性、動機等，用大數據來篩選，準確率通常會很高。

（接下頁）

特點	具體內容
統一測試流程	在結構式面試中，同一職位的面試題目、面試時間和提問順序等都相同，可以保證求職者能在平等的條件下接受面試，使面試公平、公正。而提問順序有以下兩種： 1. 由簡易到複雜。 2. 由一般到專業。
評價標準規範	對題庫中的每一個問題設計評分標準，從而建立系統化的評分程序，按照該程序進行評分，使面試官對應聘者的評價有統一標準。再根據科學的方法，計算出面試者的測量分數。
面試官多人組成	結構式面試中，**面試官的人數必須在兩人以上，有的情況可能有五至七名面試官**。面試官的組成往往根據專業、職務、年齡以及性別等因素進行合理的安排，並從中找一名擔任主考官，把握面試的整體方向。

　　常見的結構式面試有兩種類型：行為面試法（Behavioural Based Interview，簡稱 BBI）和情境面試（Situational Interview），如右頁圖表 2-7 所示。而 HR 要設計結構式面試，需要按照四個步驟來操作（參見右頁圖表 2-8）。

　　以下讓我們透過實際案例，進一步認識結構式面試。

　　某公司近期要開展秋季招募會，打算招一批網路工程師，擴充企業網路工程部門。HR 陳××作為此次的主面試官，在前一週便一直在設

▶▶ 圖表 2-7　結構式面試的兩大類型

行為面試法	行為面試法是基於「過去的行為是對未來行為的最好預測」的理念，透過設定以後的工作情景，來預測面試者過去的工作表現。在設計時，要把握勝任特徵（按：指企業成員的動機、特質、自我形象、態度或價值觀、某領域知識、認知或行為技能，以及任何可以被測量或計算、並能顯著區分出其優劣的特徵）的要求，並藉由工作分析，決定所需的勝任特徵。
情境面試	情境面試依照目標設定理論（Goal-Setting Theory），透過給面試者設置一系列工作中可能會遇到的事情，並詢問其解決方式，來鑑別求職者與業務相關的行為意向。與行為描述性面試一樣，進行情景性面試首先要進行工作分析，重點在對關鍵事件的分析上，所以不適用於變動較大和人員較少的工作。

▶▶ 圖表 2-8　設計結構式面試的四大步驟

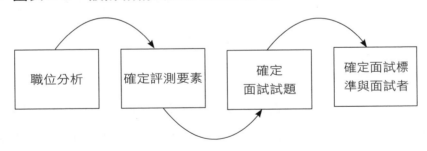

職位分析　→　確定評測要素　→　確定面試試題　→　確定面試標準與面試者

計題庫，其根據結構式面試的特點，從行為、情景和認知等三個方面來設定問題。

陳××設置了四個具體階段對應聘者進行考察，並設了相對應的問

題、考察點和評分點。

而每個階段的計分標準都分為三級,第一級滿分(完全符合評分標準),第二級中間分(部分符合評分標準),第三級不計分(與評分標準不符),滿分為100分。

面試當天,陳××根據事先設定好的題目考核面試者,首先是第一階段——認識求職者。

問題	考察點
你能簡單介紹一下自己嗎?	營造面試的氛圍,透過自我介紹讓面試者有心理準備,同時了解其基本資訊,並觀察其表述能力、概括能力及邏輯能力。
請簡單談一下自己性格方面的優缺點,以及對應聘工作的影響。	考察應試者對自己的認識程度是否深刻,並關注其對人生態度是積極或消極,藉由應聘者的觀點,來考慮其是否適合做該類工作。
以前的同事認為你是怎麼樣的人?	側面考察求職者的人際交往能力。

由於第一個階段的提問回答具有靈活性,所以陳××並沒有設定評分標準,因此該階段的分數權重占比也不高,只占總分的10%。該階段的題目還可以這樣設定:

1. 請問你平時有什麼業餘愛好嗎?請簡單說幾個。

2. 你覺得自己哪些方面與其他人不同？

3.如果讓你選擇五個形容詞來描述自己，你會選擇哪五個？

4.你覺得自己的個性是什麼樣的？

到了第二階段，人事專員設計了針對面試者的品格進行基本考核的問題。

問題	考察點	得分點
在你的成長經歷中，誰對你的幫助和影響最大？	考察是否具有感恩之心，是否真誠。	感謝三個人。（對較多的人有所感恩）；且有實例為證。
在你的上一份工作中，有沒有給其他同事添過麻煩？如果有，你怎麼應對？	觀察工作態度，是否與同事合作無間。	有過，我透過……來彌補／回報他。
在你上一份工作中，你的同事有沒有給你添過麻煩？如果有，你怎麼應對？	考察對待同事是否寬容。	有過，我總會盡全力幫助他……。
在工作中你不喜歡遇到哪一類型的人，為什麼？	考察親和力、人際交往能力。	沒有什麼討厭的類型，除了人品低俗的人；列舉太多類型的不計分。

第三階段是針對應試者的學習和工作積極性來設定問題。

問題	考察點	得分點
你每週花多少時間在工作和自我提升上？	考核是否有上進心，是否熱愛工作。	50小時以上。
你有沒有設計過自己的職涯規畫？	考察是否有遠見。	有，計畫是可實現的，並且能分步驟達成。
你有沒有長期堅持的一項活動呢？	考驗有毅力與否。	有，比如：運動、畫畫或看書等。

到了第四階段，HR主要對應聘者的工作能力進行了解。

問題	考察點	得分點
你能描述一下自己的管理思維嗎？	了解是否有領導能力，以便確定日後的工作升職方向。	管理者應為員工提供資源和環境，藉以達成統一的目標。
請你就網路維護工作中遇到的一個常見術語進行解釋。	考察對主要工作的理論知識的掌握。	清楚、明白的解釋，並有提出例證。
對於這份工作，你有哪些可以預見的困難？你準備怎麼應對？	觀察對工作的熟悉度，以及工作能力。	列舉出問題，並有應對之法。若無應對之法則扣分，沒有想法不計分。

求職者王××在第一階段得了7分（每題3分，總分為9分），在

第二階段得了36分（每題10分，總分為40分），在第三階段得了16分（每題7分，總分為21分），在第四階段得了22分（每題10分，總分為30分），合計81分。而其他面試者的分數約落在70分左右，於是經過一番對比及考量，王××最終被HR陳××錄用了。

從上述案例可知，結構式面試是提前設計題庫並分類，然後統一提問、統一計分，最後按得分決定求職者的去留，十分公平。但這種方法並非適合所有工作，人資還是應該掌握多種面談方法。

靈活又兼具結構性的半結構化面試

半結構化面試（Semi-structured interview）顧名思義就是介於非結構化面試（Unstructured interview）和結構式面試之間，它結合了這兩種方式的優點，比如雙向溝通，使人事人員獲得的資訊更為豐富，面試過程既具備結構性又有靈活性。半結構化面試有以下兩種面談方式：

・主面試官提前準備面試核心問題，不過，不必統一提問順序、具體問題，可以按實際情況調整。
・主面試官依據提前設計的核心問題進行面談，並按照不同的工作類別設定不同題型。

　　而半結構化面試和結構式面試相比，其各自的優劣如下列圖表 2-9 所示。

▶▶ 圖表 2-9　半結構化面試和結構式面試優劣對比

面試方式	優點	缺點
半結構化面試	方便操作、組織容易。	主面試官的靈活性較大，但有效性較低。
結構式面試	對求職者來說更公平、客觀，減少了盲目性和隨意性。	需要花費時間來培訓面試官的素養，對於題庫設計、面談組織的要求也更高。

　　人資專員一般會需要按照半結構化面試來執行，主要有以下三大步驟：

　　·**事前準備**。與結構式面試一樣，要分析職位、確定評測要素、設計題目以及評分表。

　　·**主持面試**。作為主考官，要控制面試進程，按照事先設計的方向結束。

　　·**判斷結果**。要記錄、整合、分析和判斷相關資訊。

　　一般來說，銀行業最常以半結構化面試來招募新人。

　　某商業銀行今年春季要到××大學進行校園徵才，作為主面試官的王××提前準備了一些與銀行各職缺相關的問題。等到面試當天，王××請求職者李××做簡單的一分鐘自我介紹。

　　李××從自己的學校、科系和實習經歷等方面表述了自己與銀行業相關的優勢，王××則根據李××的履歷，邊聽自我介紹邊了解其基本資訊。之後，王××針對李××的自我介紹進行提問。

　　首先就李××就讀的科系提出疑問：「你的科系和銀行業並不相關，為什麼想來銀行工作？」（得分點為提出競爭優勢）。

　　然後針對求職意願進行提問：「你選擇銀行工作是自己決定的？還是聽取了同學或父母的建議？」（得分點是自己的決定，並且不會隨意改變）。

　　接著了解應聘者的個人特質：「進入職場後，你認為埋頭工作更重要，還是不斷挑戰自己更重要？」（得分點為實際與突破是非對錯）。

　　最後王××對李××的實習經歷逐一提出了感興趣的話題，並按照事先設計的結構完成了此次面談。由於李××表現出色，最終成功拿到了 Offer。

　　常見的半結構化面試的題目和得分點如下頁圖表 2-10，不同行業的 HR 可以相互借鑑參考，設計出適合自己公司的題庫。

▶▶ 圖表 2-10　常見的半結構化面試題目

題目類型	題目	得分點
保密意識	在你的上一份工作中，你是否遇過因員工個人問題而洩露企業機密？為什麼？（如果沒有，請問公司有哪些保密措施？）	優：回答真誠，並分析原因，重點提到員工在資訊保密上的重要性。
		良：回答比較誠懇，有原因分析，不過沒有重點。
		差：回答有破綻，並未說出什麼實質原因。
	能介紹一下以前公司在本市同行業中的排名？資金狀況如何？	優：意識到這是前公司機密，然後委婉表明自己的立場，並會遵守基本的職業道德。
		良：意識到這是前公司機密，不過透露了一些不重要的商業資訊。
		差：沒有任何忌諱，直接將前公司的商業資訊全盤托出。
表達能力	請用一分鐘做簡單的自我介紹。	看其發揮給出評分。
	可否談一談你過去學習、生活或工作中最有成就感的一件事。	看其發揮給出評分。

（接下頁）

題目類型	題目	得分點
組織協調	如果公司要舉辦一項活動（聯誼、技術交流），你要怎麼完成這個任務？	優：計畫周全，並協調各項資源，能組織員工共同完成工作。
		良：有比較周全的計畫，不過資源利用不足。
		差：沒有計畫，走一步算一步，不認可團隊合作。
	如果有緊急工作，主管需要你在三天之內完成平時一週才能完成的工作，你打算怎麼做？	1. 分析工作，羅列完成工作必須做的事，並分出先後順序。 2. 標注出哪些工作可以縮短進度。 3. 安排能夠縮短進度的工時。 4. 如果確實有困難，向主管提出解決方案，獲得其幫助。 5. 向主管提出需要哪些資源。
人際交往	如果你得到主管的器重，獲得了很多工作機會，卻引起同事的不滿，你該怎麼辦？	優：從利於工作和同事關係兩方面考慮問題，向主管建言，推薦合適的人才完成工作。
		良：能理解並包容同事的一些微詞，並在適當的時機，向主管委婉表達自己的立場。
		差：無所謂，人際關係並不重要，因為自己能力強，所以能做更多工作。

（接下頁）

題目類型	題目	得分點
人際交往	同事找到你的缺點，並向主管匯報，你要怎麼做？	找機會與他溝通，感謝他的用心，並盡快改正自己的不足。
	行政助理打碎了會議室的花瓶，你會說些什麼？	1. 先向主管報告，他會來解決的（為人細緻、不急躁，但有時會弄巧成拙）。 2. 沒關係，我來想辦法（社交能力強、有責任心、受人喜歡）。 3. 沒關係，不用管，總有人會處理（剛愎自用、自我感覺良好、團隊協調能力差）。 4. 沒關係，總經理不會計較的，知道錯就好了（理想主義者、容易情緒化、靠感覺行事）。
	在工作中，遇到不如你的同事獲得了主管的認可，你會怎麼做？	優：努力提升自己的同時，多與主管溝通，適當表現自己，提醒主管自己做了哪些工作。
		良：平常心對待，各憑本事。

可自由發揮的非結構化面試

非結構化面試又叫隨機面試，這種面試方式不需要事先設計好題庫或面試結構，主要由主面試官掌控流程。提出的問題也比較隨意，可依照當下情況來發問。

HR用非結構化面試來考察求職者，事前準備工作會比較輕鬆，只需要列出幾個重要問題即可。這種方式給了雙方很多的自由發揮空間，而其優缺點如下列圖表2-11。

▶▶ 圖表 2-11　非結構化面試的優缺點

優點	缺點
1. 自由簡單，不限場所、時間、面試問題。 2. 結構自然隨意，主面試官可以更全面的認識求職者。 3. 應試者的防備心理會減弱，能更好發揮自己的實力。 4. 人資可以旁敲側擊得到很多資訊，並且給予回饋。	1. 面試結構性較差，沒有統一判斷標準，個人的好惡顯得比較重要。 2. 難以量化，不容易計分。 3. 對某些面試者來說，難以明確區分應聘者之間的對比，導致面試結果會沒有公信力。

一般來說，非結構化面試會採用案例法（Case Analysis Method，又稱個案研究法）、腦筋急轉彎及情景類比等方式進行面談，如下頁圖表2-12所示。

作為公司人資，應該如何應用非結構化面試？主要需要注意以下兩個面向：

・**面試技巧**。由於非結構化面試的特殊性，面試的有效性非常依賴主面試官的經驗和面談技巧。**人事人員要注意的面談原則是讓**

▶▶ **圖表 2-12　非結構化面試的三種做法**

案例法

案例法主要是透過模擬真實工作問題來考察面試者，具有一定的實踐性。很多案例分析的題目沒有標準答案，面試官一般觀察的是求職者的臨場發揮和應變能力。這種面談方式非常適合現今的工作環境，更著重其實際性，不以文憑認定其工作能力。

腦筋急轉彎

腦筋急轉彎主要為了考核應聘者的邏輯思考能力，越來越多的公司將腦筋急轉彎應用到面試中。藉由腦筋急轉彎的問題快速檢測應試者的邏輯思考能力和應變能力。

情景類比

情景類比是將面試者置於一個模擬的環境中，讓其解決現實問題，或達到現實目標。面試官可根據求職者的做法和最後效果考察其工作能力、人際交往能力、語言表達能力及組織協調能力等綜合能力。

應聘者展示其優勢，而不是為難他們。在提問時，要想方設法的讓求職者多表達，問題盡量不要太過學術或太複雜，直接了當讓面試者能立即明白。

‧**科學的評分系統**。在做非結構化面試時，最後的環節就是對應試者的成績打分數，面試官要針對其各方面進行判斷，最後得出錄用建議。由於主面試官擔負著重任，所以 HR 應該提高自己的判斷技巧和評價手段。

在非結構化面試中，HR 一般會使用「面試成績評價量表」來保證面試的相對公平。雖然非結構化面試不如結構式面試有量化的評價標準，不過也能夠制定相對應的評分基準，常見且較為客觀的評量表是「行為觀察量表」（參見圖表 2-13）。

▶▶ **圖表 2-13　行為觀察量表**

面試行為觀察					權重
表情微笑、禮貌用語。					
1 分（幾乎沒有）	2 分	3 分	4 分	5 分（總是）	10%
注重儀表，形象良好。					
1 分（幾乎沒有）	2 分	3 分	4 分	5 分（總是）	10%
溝通過程中注意傾聽對方的觀點。					
1 分（幾乎沒有）	2 分	3 分	4 分	5 分（總是）	10%
能很好的借助肢體語言。					
1 分（幾乎沒有）	2 分	3 分	4 分	5 分（總是）	20%
能巧妙回避令人尷尬的問題。					
1 分（幾乎沒有）	2 分	3 分	4 分	5 分（總是）	50%
總分					

（接下頁）

評分標準：					
分數	1 分以下	1～1.5 分	1.6～2.5 分	2.6～3.5 分	3.6 分以上
等級	很差	較差	良好	優秀	傑出

　　每個面試官都會有一個這樣的表格，可以給出自己的分數和主觀意見。至於如何統計分數，得出總成績呢？這時就需要圖表 2-14 的「成績彙整評分表」。

▶▶ 圖表 2-14　成績彙整評分表

面試者序號		面試者姓名		聯絡電話	
面試得分	主面試官	1 號 面試官	2 號 面試官	3 號 面試官	4 號 面試官
扣除最高分		扣除 最低分			
有效總分		最終面試 成績			
記分員		監督員			
主考官		日期		年　　月　　日	

STAR 面試法可作全面性考察

　　STAR 面試法是企業徵才面試過程中常見的一種面試方法。「STAR」是由 Situation（情境）、Task（任務）、Action（行動）和 Result（結果）四個英文單字的首字母所組合而成。為了對求職者進行全方位的考察，HR 可以透過 STAR 面試法，解讀其身分背景、工作任務、採取行動和最終結果，具體步驟如下列圖表 2-15。

▶▶ 圖表 2-15　STAR 面試法的四大步驟

第一步：了解前提條件
判斷一個人的能力，不能僅從其做了多少業績來評判，而是要綜合多方面的因素來考慮，其中首要的就是其所處的環境如何。

第二步：了解業務工作
考核面試者有過哪些業務範疇，目的就要理解其每項事務的具體內容，比如工作經驗，這樣才能知道是否能勝任所求的職位。

第三步：了解具體行動
人資不應該只停留在認識應聘者工作經歷的基礎上，還應該考察其具體做了哪些事，以及其辦事邏輯，以便理解其思維方式。

第四步：關注結果
公司招人是為了創造利潤，所以面試者的辦事成果非常重要，這也是人事人員必須要掌握的。

　　透過 STAR 面試法一步步引導求職者深入作答，最後得到 HR 想要的資訊。但人資該如何有效操作呢？具體要做以下三件事。

（1）建立公司的用人標準

　　STAR 面試法主要是透過一定的標準來判斷人才的優良程度。

　　某公司為了更好管理人力資源，在面試時一律採用 STAR 面試法，並設置了各部門各職位的素質模型，然而卻並未運用在徵才中，又加上內部晉升管道單一、缺乏維護和發展人才的系統結構，導致公司近年來人才流失嚴重。

　　為了真正落實 STAR 面試法，讓公司招到更多人才，公司將需要的人才素養分為三大類，一是個人素養，二是工作素養，三是組織素養。這三個素養的評定標準如下表所示。

個人素養	工作素養	組織素養
職業精神、保密意識	專業技能、邏輯思維	安排有序、分工合作

　　藉由每個分類下的實際參考標準，公司實現了靈活與系統並存的應聘模式，將每個職位真正需要的人才招募進來，使公司重新煥發活力。

（2）建立面試題庫

建立面試題庫，幾乎是面談成功的基礎。建立題庫主要是根據招募職位的需求，以既有的職位素質模型為主，找到合適的考察內容，並設定相關考核題目。

某公司最近要招一批人資專員，公司人力總監張××根據此職缺的基本素質模型建立了相對應的題庫，以迎接接下來的面試工作。主要針對個人素養、工作素養和組織素養等，羅列了五個評定標準，每個評定標準下都設定了三至五個題目。對於人資專員的「互相合作」素養，人力總監與人資部員工共同開會設計了以下三個問題：

- 在過去的工作經歷中，如果你和主管、同事在某項問題上有分歧，你會怎麼處理？是退一步還是堅決不改變看法？
- 在過去的工作經歷中，如果遇到一項工作任務需要得到其他部門的資源和人力支援，但該部門對此工作並不上心，請問為了完成工作，你會怎麼解決？
- 在過去的工作經歷中，如果遇到部屬無法好好完成工作，你會怎麼幫助他？你對他說了什麼？做了什麼？他的回應如何？他的工作效率有何改變？

（3）適當追問

面試官除了重點提問外，還要根據求職者的回答，適當追問，

獲得更全面的資訊。同時，STAR 面試法是以面試者的過去經歷為主要考核內容，為了保證資訊的真實性，追問是行之有效的方法。

在面試中，面試官為了觀察應聘者的協調溝通素養，提出了問題：「在過去的工作經歷中，如果你和主管、同事在某項問題上有分歧，你是如何處理的？是退一步還是堅決不改變看法？」

求職者王××思考後，這樣回答：「去年春天，我還在××公司任職，公司在開年之際便準備好了當年的發展，並在各大城市成立了相關的工作業務。由於各地的消費基準有所差異，所以沒有實行統一的薪資標準，而工作室的薪酬標準又沒有形成規範，造成管理上的缺失。結果，外派工作室的員工各有各的不滿，造成業務進度一時停滯，還出現了人員流失現象。

「為了解決當時的問題，我在公司的人資會議上，提出了薪資集中化管理的建議。

「在會議上，很多部門的負責人，包括地區辦公室的負責人也持懷疑態度，很多人都認為，地區區域化管理更符合公司現在的狀態，才更能發揮地區優勢，並盡快發展公司業務。不過，按照我的想法，我做了大量的資料搜尋、整合報告，並積極與主管和同事交流。

「最後，公司多數負責人認可了我的想法，將這樣的考量納入了薪資管理中。」

王××按照 Situation（情境）→Task（任務）→Action（行動）→Result（結果）的順序，完整回答了人事人員的問題，看起來無可挑

剔。不過面試官為了進一步考察其能力，有了以下追問：「你剛剛說為自己的想法，查找了資料、分析了利弊，並整合資料，才獲得了認可，那麼你考慮了哪些部分？做了哪些工作？」

王××：「我首先分析了薪酬集中管理的優勢，包括資訊共用、管理透明；集中化管理能夠節省很多的管理成本，適合企業拓展的初期；對未來發展而言，加強管理能使財務資源不會無端浪費；只有保證財務良性運轉，公司才能發展。」王××回答後，HR認為其確有能力，對其非常滿意。

人資在進行STAR面談時，要掌握以下四個注意事項：

・提問要客觀，不要引導面試者講述自己的感受，而要講述實際行為。

・多選用引導式回答的疑問助詞，例如：「如何、怎樣、什麼」等，避免使用質問型的疑問助詞，比如「為什麼」。

・要使用提示過去時態的詞語，如「之前、過去、工作以來、當時」等，以便讓應聘者知道面試官想要了解其過去的工作內容。

・為了精準理解應試者的能力，且不浪費雙方的時間，HR要注意使用最高級形容詞，提醒求職者展示自己特殊的工作經歷，比如最快、最好、最差、最慢、最滿意。

面試基本款：一對一面談

一對一面試，是最基本、最普通的面試方式，非常適合規模較小的公司，或是招募職位較低的情況。

一對一面試只有一個面試官，需要逐一與前來面試的應聘者單獨面談。這樣的方式有一個優點，那就是雙方可以更加深入、坦誠的交流，放下心裡的防備。

一對一面試一般會事先設計好題庫，並按流程提問，雖然具系統化，但測不出臨機應變能力。

某公司要招募行銷部門的新媒體行銷人員，由人資部組長羅××作為此次徵才的面試官，從前一週就開始設計題庫。面試當天，羅××按照設計好的試題順序，逐一向應試者發問。

羅：「×××你好，請你做一下自我介紹。」

求職者：「面試官，您好，我畢業於××大學的行銷管理學系，感謝給予此次面試機會。我在本行業工作了5年，前後在××公司、××工作室擔任行銷企劃主管。對於Office、Excel等辦公軟體及辦公室事務極為熟悉，曾多次負責公司活動策劃，包括產品行銷和一些對外聯絡工作。這次我面試的職位是新媒體行銷，作為90後，我平常就很熟悉新媒體，也希望未來能有機會拓展這個方向，我的工作經驗也很符合貴公司的徵才需求，希望我能順利通過面試，謝謝。」

羅：「看得出來，你的個人能力很強，那你周圍的同事都是如何評價你的？」

求職者：「之前公司的同事與我一起共事，他們都說我是個很開朗的人，不過工作的時候總是很認真，不苟言笑。」

羅：「好的，我看到你在實習時幫助公司提高了××的營業額，這個資料是怎麼來的？和你的工作有什麼直接關聯？」

求職者：「嗯，這是因為在實習時，剛好公司要舉辦春季行銷會，所以我就幫忙做活動企劃，好在公司主管採納了我的提議，最後經過大家的努力，我們順利舉辦了行銷會，並使公司的業績提升。」

羅：「你能簡單介紹2019年這個項目的背景以及完成情況嗎？」

求職者：「2019年這個策劃項目是針對公司新上市的運動產品，當時我們都在考慮結合傳統的行銷方式，再加上一點創新的內容。我便提出了走秀，最後得到了很多經銷商的認可。」

羅：「那在這個項目過程中，你與同事如何分工？」

求職者：「我們小組一共有五個人，我主要負責製作企劃內容，其中一個負責資料查找，另外三個負責實施方案。」

羅：「你來參加本公司的招募活動，對我們公司有什麼了解？」

求職者：「我已經事先了解過貴公司主要是做服飾生產，主打年輕、新潮的宣傳策略，所以非常看重新媒體行銷。在同類產品中，貴公司的產品雖屬於小眾產品，不過已經擁有一批忠實客戶，只要改變一下行銷路線，是相當有前景的。」

羅：「那麼你平時關注哪些媒體？會使用哪些App？」

求職者：「我平時比較關注新浪頭條、今日頭條，使用的新媒體App比較多，有微博、抖音及微信。」

羅：「你怎麼看待加班？」

求職者：「我認為有適當的加班是很正常的事。」

羅：「你還有什麼問題要問我的嗎？」

求職者：「……。」

根據上例的問答所示，**從個人資訊→實習經歷→專案經歷→本公司相關問題→應聘職缺相關→開放性問題**，HR 按順序提問，每一類問題都設定了四至六個具體題型，再依據面試者的回答，隨機挑選了一個發問。

知識延伸　多對一面試和一對多面試

多對一面試，是由一組來自相關部門的面試官組成小組進行面試，並從各個方面進行詢問，最終的考察結果也是出自於各個面試官所給的平均成績，比較適合大型公司的徵才活動。

一對多面試則由一個面試官同時應徵多個人，這種情況一般出現在應聘人數較多，而且面試職缺也並不是高階職位時。面試官可以以一個問題考察多位求職者，然後根據不同回答，從中選擇相對優秀的人才。

03 履歷當然會灌水，
怎麼透過面談一眼看穿

　　面試官除了「修煉」自己的面試技巧以外，還有一些要避免的禁忌，如果因沒有經驗而「踩雷」，會對徵才率產生極大傷害，對於公司的人力資源規畫也會有影響。那麼，人資要注意避免出現什麼問題？

（1）不要以「履歷」取人

　　履歷雖然對認識求職者很重要，但不能代表全部，優秀的 HR 會從面試中挖掘應聘者的優點，並察覺其缺點。因此，不要因為對方履歷寫得不夠好，就忽略其優勢，更何況履歷還可以灌水，不可盡信。

（2）不要僅憑一面之詞／之緣判斷應聘者

　　面談時，要保持平常心，這樣才能有更準確的評判。不要因為應試者工作經歷豐富，就過於高估對方的能力；也不要因為求職者初出社會，就懷疑其能力。

（3）不要因為自己只是人資而有所鬆懈

無論是初試、複試還是最終面試，人資都要盡職、認真的完成工作，不要因為自己只是面試環節中的一個小螺絲就有所鬆懈、隨意糊弄，這樣對整個面試流程都會造成無法避免的損失。無論自己是主面試官還是副面試官，都應該做好相關業務。

（4）不要本末倒置

面試是一個不短的過程，面試官要對應聘者提出很多提問，同時也應該注重過程本身，而不是最後的結果，因為每個問題的回答都很重要。不僅要分析應試者的答覆，還要從中觀察對方的表情和肢體語言（body language），以便全面了解求職者。

為了減少人才的流失率，HR 在提問時，**有必要掌握哪些題目是過時的、不合時宜的，一定要避免出現在問答中。**

‧「假如你成功應聘本公司的××職位，但由於某些原因，讓你的個人感情生活與工作有所衝突，這時你會怎麼選擇？」

這個問題有一段時間相當流行，有許多公司還會在徵才活動中提出，不過對於現在的職場環境，HR 如果還詢問這個問題，容易顯得格局狹隘，並不會招募到忠心耿耿的員工。對求職者而言，這樣的問題已經涉及私生活，會讓其有所抵觸，破壞面試氛圍。

　　•「如果你在重要節日、假日提前計畫好和朋友出去度假，但公司臨時有事，需要你加班，你願意回公司加班嗎？」

　　人事人員提出這個問題，會給應聘者「經常加班」的印象。就算對方願意在突發狀況時回公司加班，但也不想被工作綁架。就算面試者回答願意，也不能保證其實際做法，所以無法看出對工作的熱情。因此，這種很表面的問題根本沒有必要發問。

　　•「請問你為什麼選擇我們公司，你覺得我們有哪些優勢呢？」

　　面試過程是一個雙向選擇，在應試者沒有明確表達自己的意願時，這樣的提問會有些許冒昧，只會讓求職者覺得這間公司不夠專業，並帶給對方居高臨下的感覺。

學會識別面試者的模糊與誇大

　　在多年的面談生涯中，HR 應該或多或少都曾遇過應聘者誇大其詞，甚至在面試中撒謊。雖然人資不是警察，其能力主要著重在面談技巧，不過也應該具備基本的辨別能力，以此識別出求職者拙劣的謊言，並為公司招到真正有實力的員工。

　　首先，應該了解面試中常見的謊言類型，主要分為以下五種：

（1）模糊學歷

模糊學歷是很多求職者都會使用的一項「技能」，這樣能讓自己的學歷看起來高大上，比如隱藏自己的第一學歷，並展示出第二學歷，不少人事專員就會因此誤會；或是某些面試者將進修學歷當作一般學歷，藉此模糊焦點，讓 HR 對其第一印象很好。

（2）模糊曾任職的職位

面試中，人資會非常看重應聘者過去的經歷，所以很多人會選擇模糊自己曾經的職位，比如將小組組長誇大為主管，或是將自己的職務描述成帶有領導性質的職位，其實自己只是普通員工。

（3）編造工作業績

很多應試者並沒有在前公司做出績效，就捏造一些資料，或是將前公司同事的業績寫在自己的履歷中，塑造工作能力很強的假象。

（4）誇大自身能力

很多求職者為了能讓 HR 對自己青睞有加，就將自身能力誇大其詞，以便順利得到相關工作，例如只會常規的電腦操作，卻表示精通 Office 軟體的高級功能；明明只做過設計助理，卻說設計能力出眾。

（5）避重就輕

在面試中，應試者常常會大書特書自己的優點，而極力隱瞞自己的缺點，一旦談到缺點時，就不能真誠的回答，常見的說法有：「自己平常的個性較急，什麼工作都想盡快做完。」、「由於太在乎工作了，常常很晚回家，浪費公司很多資源。」、「自己太追求完美，所以總是將方案一改再改。」、「同事總是說我對工作太投入，導致沒有太多休閒娛樂活動。」

人事該如何辨別各式各樣的謊言？一般來說，想要判斷一個人是否在說謊，可以從言語、肢體語言、眼神等幾個方面著手，這些地方都能傳遞人的心理，如下列圖表 2-16 所示。

▶▶ 圖表 2-16　從肢體語言有效辨別謊言

重要方面	輔助形式
言語	表達能力是最大利器，HR 對面試者的了解也多半來自其說話內容。不過，語言是能造假的，但只要不是「撒謊天才」，總能從中找到破綻。以下幾種情形可看出求職者說謊： 1. 語句斷斷續續，不連貫。 2. 沒有邏輯，甚至前後矛盾。 3. 說話不清不楚，只有大概，沒有細節。 4. 刻意轉換話題。

（接下頁）

重要方面	輔助形式
表情	一般來説，沒有經過特殊訓練的人，其表情會表現他的真實情緒，因此説謊一定有心虛的表情。主要有以下幾種表現： 1. 表情僵硬，臉色不正常。 2. 臉紅或面色發白。 3. 笑得不自然。
肢體語言	人的肢體語言相較於動物來説非常多，豐富的肢體語言可以暴露出內心很多活動。應聘者在説謊時，其不自然的反應會表現在肢體上，例如：摸鼻子、摸耳朵、抓脖子及搖頭晃腦等。
眼神	都説眼睛是心靈之窗，一個人的眼神能反映最真實的心理情況，眼神飄忽不定的人，要質疑其説話的真偽。在回答問題時，不斷眨眼睛、揉眼睛或是眼神閃躲，人事人員一定要注意其話語的真實性。

　　當 HR 從蛛絲馬跡中看到了問題，應該採取積極的措施，並得到自己想要的真實資訊，可採用下列幾種技巧來拆解面試者的謊言。

　　‧**抽絲剝繭**。如果應試者回答不具體，只會説個大概，那麼人資就要將其答案步步分解、層層追問，進一步逼問對方細節，直到完全理解事實為止。

　　HR：「請你談談過去工作的一些成績。」
　　面試者：「我在之前的公司工作時，重新修改了行銷方案，使公司

的經營業績大幅提升。」

　　HR：「之前的公司是哪個公司呢？前一家公司嗎？」

　　面試者：「對。」

　　HR：「依據履歷來看，就是╳╳公司，對嗎？」

　　面試者：「是的。」

　　HR：「據我所知，╳╳公司做的是服務領域，怎麼會又有銷售活動呢？」

　　面試者：「嗯，這個……這個不是╳╳公司的主要活動，╳╳公司偶爾還會販售一些清潔用具。」

　　HR：「你修改了公司的行銷方案，那公司原來的行銷方案是什麼？你修改後的行銷方案又是什麼？」

　　面試者：「嗯，這個有些複雜，我一時說不清。」

　　HR：「那就講講重點吧。」

　　面試者：「之前是傳統行銷，我提出了網路行銷的概念。」

　　HR：「概念是你提出的，企劃也是你一個人獨立完成的嗎？」

　　面試者：「嗯，這個不是，是大家一起完成的。」

　　HR：「好的，我知道了。」

　　從上述案例我們可以看到，人資是從**項目→環境→實際操作→專案分工**的順序來提問，將一個專案的重點層層剝開，讓求職者就細節答覆。不過，該應試者在回答時，出現各種猶豫遲疑，因此判斷可信度較低。

．**攻其弱處**。因為應聘者不知道人事專員會提出什麼問題，所以會出現很多隨機答案，若有出現破綻、不完善的地方，人資人員應該及時提出，攻其不備。

HR：「你能說說自己有哪些嚴重的缺點嗎？」

應聘者：「好的，面試官，我是個應屆畢業生，沒有多少工作經驗，所以一直想要透過實際的工作來證明自己。」

HR：「對於剛剛畢業的學生來說，沒有工作經驗是再正常不過了，請你說一下自己其他的缺點吧。」

應聘者：「嗯，好的，我可能性格比較缺乏耐心，總想把事情快點做完。」

HR：「能舉例說明一下嗎？」

應聘者：「我在修改論文的時候，總是不想在截止時間才交上去，一定要提前上交。」

HR：「這好像是優點，你有因此與人發生過矛盾嗎？」

應聘者：「沒有。」

HR：「沒有嗎？好的。」

．**提出質疑**。如果求職者的話中出現了不合常理的地方，人資應該多加重視，並直接提出自己的疑慮，再看對方如何作答。面對面試官的質疑，相信許多應聘者都很難再繼續說謊下去。

HR：「王先生，為什麼近三年你總是頻繁更換工作？」

求職者：「這個原因很複雜。」

HR：「比如？」

求職者：「有的工作是離家太遠，有的工作是父母不支持，還有的是短期職業目標，因此可能一直沒找到合適的職位。」

HR：「不過根據你的個人履歷，你這幾份工作都是廣告設計，而你應聘本公司的職位也是廣告設計，難道廣告設計不在你的長期職業規畫之中嗎？」

求職者：「不，不是的，我其實一直想要做廣告設計，只是在原來的公司做得有些不開心。」

HR：「為什麼，能具體說說嗎？」

求職者：「嗯，好的，可能我的理念與公司有些不同，與同事也沒有達成一致……。」

・**反覆詢問**。人事人員可以設計多個問題，並從不同角度得到相關資訊，以確保訊息的真實性和全面性。這樣反覆詢問，能讓求職者無暇顧及，即使有說謊的跡象，也有可能出現漏洞和前後矛盾的地方。最好能間隔問題、交叉詢問，這樣效果最好。

HR：「李小姐，你在履歷上好像並沒有書寫太多工作經驗，你的工作經驗看起來並不怎麼豐富啊？」

應試者：「不是的，我曾經在××公司任職兩年，擔任了行政部門

助理；又在××公司擔任了一年的行政主管，負責過科技公司、餐飲企業的行政管理工作。」

HR：「你能說說餐飲企業的行政工作與我們公司有什麼不同嗎？

應試者：「我其實沒有很了解餐飲企業的行政工作，我之前做的是酒店餐飲部門的行政工作。」

……

HR：「那如果你缺乏行政經驗，該怎麼勝任本公司的職位？」

應試者：「我打算邊工作邊學習，不斷提升自己的工作能力。」

HR：「這麼說來你的工作經驗還有所欠缺？」

應試者：「嗯，也可以這樣說。」

　‧提出查證。雖然背景調查是員工入職前人資專員必做的工作，但是在面試前期，還不會詳細查核應聘者的資料。不過可以透過提出對求職者所述資訊進行查證的要求，來觀察面試者的反應。如果應聘者很坦然，則說明其很真誠，反之，則要對其回答有所保留。

HR：「你剛剛說自己的業績曾達到公司最高，這個資料我們能向你前公司查證嗎？」

求職者：「嗯……這個也許查證不了，因為沒有相關的排行。」

HR：「那你怎麼知道自己的業績最高？」

求職者：「我是大概比較的，沒有實際依據。」

HR：「好的，我知道了。」

04 重點不是他怎麼答，
而是你怎麼問

在面試中，HR 會向求職者提出各式各樣的問題，而這些不同類別的提問，對面試帶來不同效果。人資要巧妙利用，並達到最好的效果。

導入類問題可和緩對方緊張情緒

導入式問題又叫背景式問題，會在面試開始階段提出，這類問題較為簡單，主要用來緩和氛圍，照顧求職者的緊張情緒，讓其放鬆，才能好好發揮。

導入式問題雖然沒有難度，卻是面試環節中必備題型。在詢問時，要遵循「431 法則」，即四種題目、用時三分鐘，以及集中提問，具體內容如下頁圖表 2-17。

理解了導入式問題後，讓我們一起看看有哪些常見的提問吧。

· 個人資訊問題

「你好，請用不超過一分鐘的時間簡單介紹一下自己。」

▶▶ 圖表 2-17 「431 法則」的具體內容

不同方面	內容
4 種問題	導入式問題主要分為四類： 1. 與個人資訊有關的問題，最常見的就是自我介紹，作為面試官，需要把握好時間，或事先規定好回答時間。如果應聘者回答超時了，HR 可以用切入法（透過停頓、其中某一內容等回話語權）和限定法（事先限定回答的範圍，如專業、工作經歷等）結束求職者的回答。 2. 與公司資訊有關的問題，以此來考察應試者對職位的渴求程度。 3. 與行業相關的問題，要把握提問的重點，不要問得太過空泛，以實際為主。 4. 與招聘管道相關的問題。
用時 3 分鐘	導入式問題最好控制在 3 分鐘以內，不要浪費時間在基礎的事上，要盡快結束。
集中提問	不要將導入式問題穿插在面試過程中，集中在同一時段提問即可，結束後盡快進入下一階段。

「請從個人基本情況、從業經歷、教育經歷等方面介紹自己。」

「請問你知道自己最大的優點和缺點嗎？請個別說明。」

「你有什麼興趣愛好？」

「你覺得你是一個什麼樣的人？」

‧ 公司資訊問題

「你為什麼要來我們公司應徵？」

「你對我們公司有一定的了解嗎？具體是哪方面的認識？」

「你對我們公司的產品有何評價？」

「如果要改進公司產品，你覺得該從何處著手？」

‧ 行業相關問題

「請問本行業近期有什麼話題嗎？」

「你有關注本行業近期的新聞嗎？」

「如果你是公司的經營主管，遇到××問題你該怎麼辦？」

‧ 應聘管道問題

「請問你是從何種管道知道我們公司的？」

「你是看了我們公司的求職廣告才投遞履歷的嗎？」

「請問你是怎麼知道本公司近期要招募的資訊？」

動機類問題了解對方三觀

動機類問題就是透過了解求職者的離職原因、職業規畫等，來得知其價值觀、求職意向及人生態度。藉由應聘者的真實想法，判斷其與公司的文化理念、價值觀是否相符，從而作為是否錄用的依據。

常見的動機類問題如下：

- 「你為什麼想應徵我們公司？」
- 「你離職的原因是什麼？」
- 「你為什麼要從之前的公司離職？」
- 「你為什麼要應徵××這個職位？」
- 「你覺得你適合這個職缺嗎？」
- 「你覺得自己哪方面適合該職位？」
- 「你為了勝任該職務都做了哪些準備？」
- 「你的專長是××，為什麼要跨領域選擇這個職業？」
- 「你最想做的是××職位嗎？你希望自己將來如何發展？」
- 「你的職業規畫是什麼？」
- 「你喜歡這份工作的哪一點？」

應變類問題測敏銳度和創意性

應變類問題又稱作智力應變式問題，主要經由一些有難度的問題來考察求職者的邏輯思維能力，這類題目不一定要與應徵的職位相關。HR 在提問時要注意，智力應變式問題絕不是我們常說的「腦筋急轉彎」，而且此種題型不一定要按照標準答案來評估優劣。

這樣的問題可分為兩大類，一種是智力式問題，主要評估應聘者的邏輯或是對資料的敏感度；另一種是應變式問題，這種提問無標準答案，主要是看面試者是否能有所創新，並自圓其說。

常見的應變類問題如右例所示：

- 「請你回答井蓋為什麼是圓的。」

- 「請將以下字母排成一個英語單詞，m-y-c-p-a-o-n。」

- 「在 grass 後面加一個詞，在 agent 前面加一個詞，組成兩個新單字，這個單字是什麼意思？」

- 「每天中午有一艘輪船從法國塞納河畔的利哈佛（Le Havre）駛往美國紐約，在同一時刻，紐約也有一艘輪船駛往利哈佛。已知橫渡一次的時間是 7 天 7 夜，輪船均速航行，在同一航線，輪船近距離可見。請問今天中午從利哈佛開出的船會遇到幾艘從紐約來的船？」

- 「農場圈養了一批雞，現剛買進一批飼料，如果賣掉 75 隻雞，飼料夠用 20 天，買進 100 隻雞，飼料夠用 15 天，請問原來農場有多少隻雞？」

- 「一天有 24 小時，在 24 小時內時針和分針會重疊多少次？」

- 「有兩根不均勻的香，一根香燒完的時間是一個小時，你能用什麼方法來確定一段 15 分鐘的時間？」

- 「你有兩個罐子，並有 50 個紅色彈珠、50 個藍色彈珠，隨機選出一個罐子，且隨機選取出一個彈珠放入罐子，怎麼讓紅色彈珠被選中的機會最大？在你的計畫中，得到紅色彈珠的準確概率是多少？」

- 「想像你站在鏡子前，請問，為什麼鏡子中的影像可以顛倒左右，卻不能顛倒上下？」

- 「兩個圓環，半徑分別是 1 和 2，小圓在大圓內部繞大圓圓周一周，小圓自身轉了幾周？而如果在大圓的外部，小圓自身又轉幾周？」

- 「約翰病逝於 1945 年 8 月 31 日，他的出生年分恰好是他在世時

某年年齡的平方,請問他是哪一年出生的?」

從上文中我們可以大致知曉應變類問題的類型,在實際面試中,這只是一個調節劑,並不會過度使用,只要提出一個就夠了,切忌多用。

壓迫式問題可看出求職者的抗壓性

為了考察應聘者的應變能力、人際交往能力以及承受壓力的能力,人資可以提出一些壓迫式問題進行壓力面試(Stress Interview)。

壓力面試是指透過製造緊張氛圍,來理解求職者將如何面對工作壓力。而 HR 會提出較生硬和冒昧的提問,故意使對方感到不舒服,再針對某一事項或問題連續發問,查看其表現。

而壓迫式問題並不適用於所有的職位招募,以下三類職缺人員所面臨的壓力不小,因此可以在面試時測試一下。

中高階級管理職位。這類人員要面臨上下級、公司內外的溝通壓力,所受壓力來自四面八方,須具有一定的抗壓能力,是該職缺人員不可或缺的素質。

銷售職位。銷售人員要不斷與不同客戶溝通,以推銷公司產品,所以要盡量滿足對方需求。而面對不同的客群,銷售人員承擔的壓力也不盡相同。

專業技術職位。這類職務人員的汰換率快，要不斷提升自己，才能保證做得長久，而他們的壓力是無形的。

壓力面試到底是如何進行的？來看下面的示例。

一家知名的報紙雜誌社在招募責任編輯，面試官在提出一些常規的問題後，便突然告知求職者：「我對你今天面試的表現不是很滿意，請問你知道自己在哪方面沒有做好嗎？」

此話一出，應聘者李××瞬間不知所措，本來他對自己的表現很滿意，沒想到得到了面試官的否定，所以他開始不斷回想自己哪裡回答得不夠好，支支吾吾的。

面試官見此情形便在心裡有了答案，最後李××的面試成績各方面都不錯，就是抗壓能力的得分很低，拉低了整體分數。

從上例我們可知，要進行壓力面試，HR 首先要做的一點便是否定面試者的成績和觀點，然後看其在被否定的狀況下有何表現。常見的壓迫式問題如下：

- 「你不認為自己的年齡應該早就升到更高的位置了嗎？」
- 「你認為你剛才的回答如何？我覺得好像沒達到我的期望？」
- 「你的履歷似乎準備得不夠充分，也沒有亮點，為什麼？」
- 「我認為你今天的穿著不適合本公司的要求。」
- 「你的英語能力好像並不出眾，這樣不符合我們的徵才需求。」

- 「老實說，我對你今天的面試表現不太滿意。」
- 「今天來的求職者都很優秀，你好像並無什麼特別之處。」
- 「我覺得你的專業並不適合本公司的職位，你自己覺得呢？」
- 「這個問題你回答得差強人意，這樣你被錄用的可能性很小。」
- 「你對應徵的這份工作最不滿意哪一點？」

情景類問題用以判斷對方適任與否

　　情景類問題主要是為了考核應聘者在職位上的實際能力，人資要針對招募職缺事先設計好題庫，而這種題型最重要的是，要與公司實際的工作情況一致，盡量使面試者在真實的工作環境下，思考並解決問題。這樣才能理解求職者的專業知識、過往經驗、工作能力和思維方式，並以此判斷其與該職缺的匹配度。

　　面試時，主考官會對應試者提出同樣的情景問題，並依據各自不同的回答進行評估。具體操作步驟如右頁圖表2-18。

　　在編制題庫的時候，HR還要注意以下三個要點：

1. 工作事件必須是該職位實際遇到過的，或發生概率大的。
2. 問題的描述應有細節，不能只說個大概，這樣不利於考察。
3. 提問要有一定難度和挑戰性，太簡單的問題沒有考核效果。

　　下面來看看具體有哪些情景面試的問題吧。

▶▶ 圖表 2-18　情境類問題實施步驟

透過關鍵事件法（Critical Incident Method，簡稱 CIM）[1]分析職位。

↓

確定工作情節，整理並篩選該職位所有會發生的事件。

↓

透過篩選出的少數典型事件，改寫、編排，並設計出一系列問題。

↓

給出每個問題的答案，設定評分標準，製作設計量表，以便計分。

・「你剛進行政管理部門，在一次會議上，你向主管提交了新改良的公司管理方案，得到了讚賞，主管讓你全權負責該方案的實施。不過，由於這項方案並沒有得到很多人的支持，尤其是老員工，推行效果不明顯。這時，請問你應該如何開展自己的工作？」

・「公司的餐廳一直是外包的，以前還沒有出太大問題，但是近一年來，餐廳的菜色越來越不合人意，引起了很多員工的不滿。你作為

1　是由美國學者福萊諾格（Flanagan）和伯恩斯（Baras）在1954年共同創立的，它是由上級主管者記錄員工平時工作中的關鍵事件：一種是做的特別好的，一種是做的不好的。在預定的時間，通常是半年或一年後，利用累積的紀錄，並由主管者與被評測者討論相關事件，來提供評測的依據。

總經理祕書，特地將員工意見回饋給總經理。總經理則將此事交由你處理，請問你要從哪幾個部分來做這件事？」

　　•「你是某公司的財務人員，負責財務報銷、核算薪水等，業務員劉××出外勤去談合作，雙方談了許久並未談攏，到了中午吃飯時間，劉××提出與客戶一起外出吃飯，兩人在某餐廳消費了一千兩百多元，由劉××支付了飯錢。第二天，拿著收據到財務部核銷。由於公司規定業務員沒有批准不能隨意招待客戶，你是否會給劉××報銷？」

　　•「一年又要結束，馬上就要過年了，為了犒賞員工一年的辛苦，公司按照慣例需要聚餐，但年關將至，公司附近的飯店都被訂滿了，你應該怎麼處理這件事，讓員工能在聚餐日就近用餐？」

　　•「你進入公司工作後，一直兢兢業業，為公司創造了很多業績。到了年底，公司給你的年終獎是1%的股份或15萬元的獎金，兩者任選其一，你會怎麼選擇？」

05 面談讀心術，
教你看懂 7 種肢體語言

面試除了一問一答的對談外，還有主考官和求職者的肢體語言交流以及心理交流，從其他的語言中獲取一些輔助資訊，有利於面試活動。

面試肢體語言各具有深義

肢體語言又稱身體語言，是指透過身體的各種動作來傳達想法和態度。從肢體語言中我們可以得到很多資訊，而在面試中，雙方互相防備，藉由肢體語言，面試官可以對面談掌握得更多。

肢體語言能夠暴露很多問題，HR 要掌握其奧祕，就要了解不同肢體語言所代表的含義。

（1）翹腳

很多人都會不經意翹起二郎腿。不過在面試這種正式場合，如果求職者入座後有了這個動作，說明他是個非常自信和不拘小節的人，這樣的人要麼能力很強，要麼自我感覺良好。

（2）雙腳來回動

如果求職者在面試過程中，雙腳動來動去，那麼可能代表此人的情緒不是很穩定，要麼很興奮，要麼很緊張。如果動的頻率很高，對方可能有情緒上的問題，容易激動，可能不太適合編輯、文職類工作。

HR 要主導面試過程，所以遇到這種情況，應該緩和氛圍，主動開口聊聊天氣等無關話題，再慢慢引入正題。

（3）雙腿分開

雙腿分開暗示著對方此刻並不輕鬆，出現防備狀態。這種情形容易出現在面試溝通不順暢，或是應聘者感覺被忽略的時候。人事此時應該對應試者表示一定的認可，並詢問對方有沒有別的想法。

（4）肢體舒展、聳肩

如果面試者的肢體舒展，說明其非常享受面試氛圍，十分放鬆，也能夠應付面試官的提問。而如果求職者在回答時，有聳肩的動作，可能是對該問題不清楚、難以作答。但是，若將兩種肢體動作加在一起，就有以下兩種意思。其一，根據自身知識及經驗，已全然掌握面試問題。其二，對此次問題興趣不大，表明其對該份工作也沒有太大的關心。

一般來說，普通的求職者在面試時多少會有些緊張，只有中高階層職位的應聘者，由於自身能力出眾，才會出現肢體舒展及聳肩

的動作，顯得遊刃有餘。

（5）頭部傾斜和扶額

頭部傾斜也是一種放鬆的訊號，表示應聘者此刻不是很緊張。但如果應試者在面試過程中經常扶額，則有以下兩種可能。第一，身體出現不適。第二，難以回答問題，正在努力思考。

面對這種情況，HR 應該先詢問面試者身體是否有什麼不適，如果對方表示沒有問題，人資人員應該找機會更換話題，解除目前的僵局。

（6）十指交叉

十指交叉的含義有兩種，一種是自信，另一種是緊張。HR 應該注意辨別，如果求職者十指交叉但又緊扣，就代表緊張。在這種情形下，面試者可能會透過搓手來緩解情緒。

（7）身體傾斜

如果應試者身體向前傾或側傾，那就表明其對面試問題很感興趣，也可以說明求職意願非常強烈。反之，如果求職者在交談時身體向後傾，則顯示其對面試毫無興致。人事專員可以更換面試問題，並以此考察對方與職位的匹配程度。

面試中 HR 應避免的心理誤導

人資在招募時，有時很難保證自己的客觀性，尤其對菜鳥來說，容易受首因效應（Primacy Effect）和暈輪效應（Halo Effect）的影響，導致主觀印象偏差，這是要極力避免的事。

（1）首因效應

首因效應又稱初始效應、優先效應或第一印象效應，由美國心理學家洛欽斯（A.S.Lochins）所提出，指人際交往過程中，雙方形成的第一印象對今後交往關係的影響。雖然第一印象並不一定正確，但給人的影響卻牢不可破。

然而在面試中，這種首因效應會帶來不好的影響，因為初始效應具有先入性、不穩定性和誤導性，會使面試官被表面現象誤導，產生輕視的心理，從而不能客觀判斷面試者。

首因效應一般由兩種形式導致，一是以貌取人，二是以言取人。而一個優秀的人事人員應該避免被初始效應影響，來看看下列案例。

某企業最近在招募網路工程師，經過兩輪篩選之後，進入到最終面試環節。HR 對最終入圍的兩個人進行面試，性格開朗的白××，其笑容極具親和力，整場面試中都表現得很積極；而性格內斂的羅××卻顯得有些嚴肅和謹慎，相比白××好像有些遜色。人資因此對白××有一定的好感，非常關注他，最後錄用了白××。

其實網路工程師是屬於技術型職位，HR 在面試時應該更加注重求職者的技能，而不是性格內向或外向。人事人員的這種偏見，直接導致了面試的不公平性，最終對雙方都是損失。

（2）暈輪效應

暈輪效應又稱成見效應、光圈效應，指在人際交往中因為對方的顯著特點，而忽略其真實的性格、本質，是一種以偏概全的錯覺現象。

在面試中，如果主考官對應聘者某方面的特點形成好或者不好的印象後，就會在心裡將這個特點放大，並以此推斷對方其他方面的特質，例如：能力、價值觀或性格等。

這樣的心理活動會大大影響評估的有效性，其負面影響則體現在以下 3 個方面。

・暈輪效應讓面試官對求職者形成認知偏見，結果沒有招到真正理想的人才。

・表面掩蓋了事實，HR 不能進行客觀判斷。

・面試官容易在很多面向上受到影響，而導致最終評分差距很大，不利於徵才的公平性。

第3章

新人能否留任，
入職面談很關鍵

入職面談有助於加快員工對企業的
了解，使其更好融入工作，所以很
多企業都會進行任職面談。

01 背景調查要慎重，
   找高管要先徵信

　　為了保證勞工提供的資訊和資料真實性，許多企業都會進行身分背景調查，這符合法律規定。一般來說，有兩個時段，一是最終面試之後，發送錄取信之前；二是到職後，試用期結束之前。

　　而在員工到職之前，人資如果就做好背景調查，掌握員工的真實資訊，在進行就職面談時，才更能掌握相關的內容和節奏。

該做哪些身家調查，每個職位不同

　　HR 要開始背景調查工作前，首先要知道需要調查什麼，大致可分為兩種。其一是通用內容，如身分資訊、學歷資訊、不良紀錄等。其二是職位相關內容，從職缺需求著手，按照職位說明書調查行業資格證書、工作經驗、專業證書等。

　　背景調查並不是要將每一個細節都調查清楚，而是從中選擇最重要的幾項，查明真偽。而且因為崗位不同、級別不同，調查的內容也會有所不同。

　　比如，公司普通的非技能員工，只須查明身分和學歷資訊即

可；技術性員工要重點調查其專業技術資格和工作經驗；高層管理人員要更注意其履歷資訊和個人徵信紀錄。圖表 3-1 是某職業背景調查網列出的調查專案。

▶▶ **圖表 3-1　背景調查各項備查項目**

身分戶籍	不良記錄	商業利益沖突
學歷學位	專業資格	深度能力
工作履歷	工作表現	全球數據庫
訴訟記錄	車輛事故	

　　下面來看看背景調查的各個專案的具體內容，如下頁圖表 3-2。

製作背景調查報告供部門查證

　　理解了背景調查的基本後，就應該按照其流程完成工作（參見第 105 頁圖表 3-3）。

▶▶ 圖表 3-2　背景調查的具體內容

項目	具體內容
身分資訊	透過求職者提供的身分資訊，核實其姓名、身分證號碼、戶籍等。
職場黑名單	調查應聘者是否被列職場黑名單，有無不遵守競業禁止義務、虛假履歷、洩露公司機密、盜竊公司財物等。
專業資格	透過職業證書的發布機構，核查面試者獲取的職業資格證書是否真實有效，證書內的資訊（專業級別、發證日期）是否正確。
金融黑名單	透過銀行官網、金融管理機構，調查是否被列入黑名單，了解是否有信用不良問題。
訴訟紀錄	查詢相關資料庫，調查是否涉及刑事訴訟案件，有無犯罪、訴訟紀錄，以便了解對方的人品。
學歷資訊	透過教育部官方網站查詢應試者的教育背景、學歷資訊，包括學歷證書的發證日期、發證院校和第一學歷資訊等。
商業利益衝突	要嚴格核查應試者是否擔任企業法人、股東、董事、高階主管等職位，以免為公司帶來隱患，主要針對高階主管和技術人才。
工作經驗	透過求職者提供的資訊，查詢其之前任職的公司是否真實，職位是否正確，以保證其能順利完成本公司工作。
工作表現	透過應聘者之前公司的主管，了解對方的工作表現，像是績效表現、工作態度、性格特點以及突出工作事件等，看其是否如面試中展現的一樣，對工作認真負責。
工作能力	透過面試者在之前公司的表現，了解其具體的工作能力，例如專業技術能力、人際交往能力以及組織協調能力等。

▶▶ 圖表 3-3　背景調查流程圖

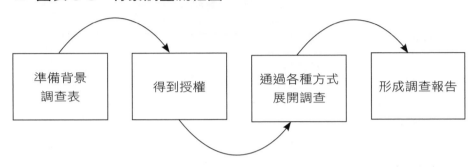

展開背景調查時，要注意以下要點。

一是針對職位，設計相關的表單，便於後續的工作。下列圖表 3-4 是背景調查表的範例。

▶▶ 圖表 3-4　背景調查表

姓名	性別	身分證號碼			聯絡方式
畢業日期	畢業院校	科系	背景調查日期	背景調查人	背景調查方式
公司一	×× 技術工作室				
聯絡人資訊					

（接下頁）

背景調查人資訊	
任職情況	
工作表現	
薪資情況	
離職原因	
背景調查 結果	
公司二	×× 有限公司
聯絡人資訊	
背景調查人資訊	
任職情況	
工作表現	
薪資情況	
離職原因	
背景調查 結果	

　　二是在做背景調查之前，**須得到求職者的同意**，可以用電話告知對方，並保存錄音；或者請應聘者簽署授權書，並請其提供二至三位聯絡人及其聯繫方式。授權書範本如下所示。

　　本人於 2020 年 3 月 10 日應聘××有限公司××職位。

　　為證明本人出示的個人資訊及履歷資料屬實，現授權該公司以本人提供的個人資訊及填寫的「入職申請表」進行調查。

　　就該公司上述行為，本人予以認可。若未經該公司錄用，本人亦授權該公司對上述資料進行銷毀。

×××

　　三是調查之後，HR 要整理「背景調查報告」（參見圖表 3-5），並接受人資部的抽查。

▶▶ **圖表 3-5　背景調查報告**

員工基本資訊					
證件類型	身分證	證件號碼			
姓名		性別		出生日期	
婚姻狀況		戶籍地址		現居住地	
資訊來源					

（接下頁）

審核結果	
學歷及教育背景審核報告	
畢業院校	
畢業證書號碼	
入學時間	
畢業時間	
發證機構	
有無違紀紀錄	
資訊來源	
審核結果	

工作經歷和違紀、違規審核報告					
前公司	就職部門	職位	就職時間	最後薪資	離職原因

資訊來源		
問題	結果	備註
是否有違紀違規行為		

（接下頁）

是否有過仲裁紀錄		
是否簽訂競業禁止協議		
個人性格		
個人評價		
家人評價		
學校評價		
前公司評價		

背景調查要公允，切不可偏聽偏信

背景調查是一項很專業的工作，人事 HR 了解該項業務的內容和流程後，還要注意調查的要點和基本要素，這樣才能做好，為企業招到優秀人才。人資應該掌握以下五個重點。

‧**背景調查時間**。前面我們曾提及，背景調查時間一般會在最終面試後和到職後。經過幾輪的篩選，已經選出了最適合的幾個應聘者，將背景調查人數縮小到公司實際招募人數，這樣一來，可以花最短的時間做最有用的事，更能提高人資工作效率。

‧**背景調查聯絡人**。背景調查聯絡人一般以求職者的主管、部屬、同事為主，這幾類人與面試者在工作上的交流最多、認識最深，從他們那裡能夠獲得較準確的資訊。

‧**背景調查方法**。背景調查很多樣，如電話調查、問卷調查等，HR 要選擇其中最適合的一種，這部分將在後面小節具體講述。

‧**背景調查內容**。背景調查內容以目的性和實用性為主，這樣不僅能減輕人資的工作負擔、降低人力成本，還能得到真正有價值的資訊。

‧**差異處理**。如果背景調查結果與應聘者提供的資訊有落差，不要著急下結論，一是向求職者再次核實，二是將調查結果做成報告並告知主管，由相關部門負責人來決定。

除了以上的基本要素，HR 還應注意以下細節：

1. 為了保證背景調查的公正、客觀，人事人員應避免誘導性的調查方法，否則只會得到具有偏頗的結果。

2. 針對不同的背景調查聯絡人，人資應該設計不一樣的問題，詢問時以「行為事件面談法」（Behavioral Event Interviewing，簡稱 BEI）為主。

3. 做背景調查報告時，一定要引用背景調查聯絡人提供的原話，可以刪減修飾，但不要主觀記錄自己的觀點。

4. 不要偏聽、偏信同一級別的背景調查聯絡人，最好詢問兩位以上，從多方面了解資訊，以保證準確性。

5. 如果面試者還未從目前的公司離職，不要將其所在公司列為背景調查聯絡人。

6. 做背景調查的時間最遲要定在正式就職之前。

02 線上線下，
多種手段可以幫你查

　　人資可以選用多種方式進行背景調查，有傳統的問卷、電話調查，也可以利用網路甚至是委託調查。可以搭配多種方式使用，也可以只用一種方法簡單查一下即可。

　　最重要的是得到有用的資訊，各位可靈活運用，而前提是對不同的背景調查方式有所理解。

啟用第三方背景調查公司，減輕人事負擔

　　人事專員可以自行做背景調查，也可以透過第三方背景調查公司，兩種方式各有好處。自己做能為企業節省人事成本，但是在徵才期比較忙，很多企業還是會選擇第三方背景調查公司。那麼，選擇背景調查公司有哪些好處？具體有以下三個：

1. 調查範圍更廣泛，包括履歷資訊、過往履歷、工作表現等。
2. 可以讓 HR 保留精力去做別的工作，節省時間。
3. 保證結果的客觀、公正和專業。

一通電話使求職者現出原形

　　HR 若要進行背景調查，最直接、簡單的方式就是打電話，不過這需要求職者原公司的配合。電話調查一般包括：面試者的工作內容、工作形式、工作表現和離職原因。

　　首先要徵得應聘者同意，並請其提供相關人員的聯絡方式，在聯繫對方時，應注意措辭，畢竟要占用對方時間完成自己的業務。所以，要遵循以下四個基本步驟。

　　・**自我介紹**。接通電話後，應該先做自我介紹，如：「您好，我是××有限公司的人資，我姓趙，請問您是王××嗎？」

　　・**進行說明**。接著說明打這通電話的緣由和目的，例如：「王先生好，我們現在正在做背景調查，請問您對李××先生還有印象嗎？我們想了解他在原公司的表現。」

　　・**確認授權**。說明目的後，HR 有義務向對方保證本次背景調查是經過授權的，免除對方的憂慮，比如：「您放心，我們公司的此次背景調查已經得到李先生的同意和書面授權，如果您需要，我們可以寄書面授權書給你，同時我會嚴格保密此次談話內容，請問您現在有時間嗎？我想針對李先生的一些基本問題與您溝通。」

　　・**正式提問**。這是電話調查中最重要的一件事，人資需要根據職位要求提問。如果對方表示不太方便，一定要約定好再次通話時間，掌握主動權。

　　而除了基本的詢問步驟外，對於電話調查中那些常用的問題，人事專員也應該有所掌握，如下例所示。

　　「您好！請問您是××先生／小姐嗎？」／「您好！請問是××有限公司的財務經理××先生／小姐嗎？」

　　「我們是××公司人力資源部，請問您現在方便接聽電話嗎？」

　　「是這樣的，我們公司最近在對招募的員工做背景調查，想找您核實一下×××的情況，大概耽誤您一到兩分鐘的時間，可以嗎？」

　　「我們將對您提供的資訊完全保密，謝謝！」／「如果您現在不方便的話，能給我們一個再次通話的時間嗎？一個小時後還是……？」

　　「該名員工叫××，請問您認識嗎？根據其履歷顯示，曾於×年×月至×年×月在您所在公司擔任採購部採購人員。」

　　「請問他（她）何時離職？其擔任的職務是行政助理，對嗎？」

　　「其具體的離職原因您還記得嗎？是主動離職，還是有其他特殊情況發生？」

　　「請問他（她）離職的時間和原因是什麼？」

　　「請問他（她）在貴公司工作期間的表現如何？能不能請您描述一下他（她）的性格？」

　　「他（她）的專業知識怎麼樣？對於建築效果圖[2]的認知如何？」

　　「他（她）平常跟同事之間相處得怎麼樣？是社交型的人嗎？」

　　「您覺得他能勝任自己的工作嗎？」／「能不能請您評價一下他的工作能力？」

「您認為他（她）是屬於勤奮踏實型，還是聰明創新型？」

「看來您非常認可他（她）的工作表現，那您覺得他（她）還有什麼不足之處嗎？或者需要改進的地方？」

「非常感謝您的幫助，祝您工作愉快，再見。」

在進行電話背景調查時，一定要記錄下交談中的重要資訊，如果不能一心二用，可以先錄音，事後再整理，這時 HR 需要準備一張「背景調查電話交流紀錄表」（參見圖表 3-6）。

▶▶ 圖表 3-6　背景調查電話交流紀錄表

您好！鑑於×× 先生／小姐已向本公司提交求職申請書，我謹代表×× 公司人力資源部想向您了解關於×× 的以下情況：	
請您確認×× 先生／小姐在貴公司的工作時間。	從 ＿＿＿＿＿＿ 到 ＿＿＿＿＿＿
×× 先生／小姐在貴公司任職期間的職位。	
請簡單描述×× 先生／小姐的工作內容。	

（接下頁）

2　建築效果圖（Architectural Renderings）就是把環境景觀建築用寫實的手法以圖形的方式傳遞。所謂效果圖就是在建築、裝飾施工之前，透過施工圖紙，把施工後的實際效果、場景環境等用近乎真實和直觀的立體視圖一一呈現出來，讓大家能夠一目瞭然的看到施工後的實際效果。

×× 先生／小姐的工作表現是否令人滿意？	
×× 先生／小姐的品行如何？	
×× 先生／小姐與同事、主管的關係如何？	
×× 先生／小姐的主要離職原因是什麼？	
×× 先生／小姐如果再次入職，你們是否願意？	
非常感謝您能與我交流，您是否還有其他情況要補充？	
記錄人：	記錄日期：

傳統問卷調查最可靠

　　問卷調查是 HR 提前根據職缺，設計一份背景調查問卷，並將其以電子郵件或傳真發送給求職者原工作單位的相關人員，請對方在一定時間內予以回覆。這種背景調查方法比較傳統，但非常有用，很多人事人員都會選擇，以下為某公司人資設計的背景調查問卷。

　　×× 先生／小姐，您好！我是 ×× 公司的人資總監，我們需要做員工背景調查。此次問卷是針對 ×× 先生／小姐，根據其提供的資訊，您

（接下頁）

與他／她曾是同事，希望能占用您一點時間，協助完成此次背景調查。

我們已經徵得××先生／小姐的書面授權，同時我們也會保密，非常感謝您的參與和支持！

為了保證背景調查的有效性和準確性，請您在正式填寫之前，請認真閱讀以下說明。

＊請您結合您與應聘者的實際合作情況，對其的工作表現給予真實、客觀的評價。

＊請您就每一問題，在選項中選擇最符合面試者實際工作情況。

＊本次評估分為封閉式問題和開放式問題兩個部分，完成此表大約需要花費六分鐘的時間。

1. 求職者姓名：＿＿＿＿＿＿＿

2. 樂於向其他團隊的同事學習，並能虛心接受他們給出的意見和建議。

□幾乎沒有　　□偶爾　　□普通　　□經常　　□總是如此

3. 清楚各項資源在不同團隊間的分布情況，工作中會尋求其他團隊的支援，並且樂於向其他團隊提供幫助。

□幾乎沒有　　□偶爾　　□普通　　□經常　　□總是如此

4. 始終沉著、冷靜的處理跨團隊合作中的問題或矛盾，尋求靈活性和原則性間的平衡，以公司整體長遠利益為重，不計較個人得失。

□幾乎沒有　　□偶爾　　□普通　　□經常　　□總是如此

5. 透過持續不斷的溝通協商、總結反思等方式，建立多元化的業

（接下頁）

務合作模式以及完善的跨團隊合作機制。

　　□幾乎沒有　　□偶爾　　□普通　　□經常　　□總是如此

　　6. 對工作進行合理授權，監督工作任務的執行過程，並及時給予相對應的回饋。

　　□幾乎沒有　　□偶爾　　□普通　　□經常　　□總是如此

　　7. 關注並規畫團隊成員的職涯發展，輔以人才發展培訓計畫，形成團隊內的人才梯隊[3]。

　　□幾乎沒有　　□偶爾　　□普通　　□經常　　□總是如此

　　8. 對中長期工作目標和方案進行詳細構思與計畫，充分考慮到計畫中的各關鍵點，並落實成為具體可執行的行動計畫。

　　□幾乎沒有　　□偶爾　　□普通　　□經常　　□總是如此

　　9. 鼓勵並引導他人有效化解團隊合作中的利益衝突，並積極探索解決衝突的雙贏方案。

　　□幾乎沒有　　□偶爾　　□普通　　□經常　　□總是如此

　　10. 系統性的審視、發現團隊運作中的問題與薄弱環節，及時採取行動予以改進，例如，了解不同團隊成員的優缺點、調整團隊的組成與配置，以避免整體性能力的缺乏等。

　　□幾乎沒有　　□偶爾　　□普通　　□經常　　□總是如此

　　11. 根據不同團隊成員的特點和不同工作環境的需求，靈活調整並

（接下頁）

3　人才梯隊指的是「企業的備分系統」，以因應企業在人力資源配置發生變化時，能夠提供有合適能力和數量的人員。

平衡各種不同的領導風格類型，營造高績效的團隊氛圍。

☐幾乎沒有 ☐偶爾 ☐普通 ☐經常 ☐總是如此

12. 向團隊成員不斷描繪、闡述組織的願景使命，解釋公司宏觀政策的意義，說明團隊各項工作的目的與目標，不斷感召、激勵團隊。

☐幾乎沒有 ☐偶爾 ☐普通 ☐經常 ☐總是如此

13. 對公司文化、價值觀的宣傳，不只停留於口頭或表面的宣傳，更是以實際有效的行動，持續不斷、身體力行的將其落實到組織的日常經營活動及員工行為上。

☐幾乎沒有 ☐偶爾 ☐普通 ☐經常 ☐總是如此

14. 從組織架構、業務與管理流程、團隊人才發展機制等組織層面，分析具體問題產生的原因，並進行相關調整，透過改善組織能力，避免同樣的問題再次發生。

☐幾乎沒有 ☐偶爾 ☐普通 ☐經常 ☐總是如此

15. 建立流程和制度，使其能對已確定的工作方案執行，進行持續有效的監督和控制。

☐幾乎沒有 ☐偶爾 ☐普通 ☐經常 ☐總是如此

16. 為組織建設工作設定目標，並建立動態調整、過程監督、持續評估和跟蹤等配套機制，以確保目標達成。

☐幾乎沒有 ☐偶爾 ☐普通 ☐經常 ☐總是如此

17. 優化團隊的運作機制，比如建立獎懲規則、合作流程制度等，並有效落實。

☐幾乎沒有 ☐偶爾 ☐普通 ☐經常 ☐總是如此

（接下頁）

18. 深刻理解公司戰略，時時督促和檢查組織內的組織架構、流程、人才發展等機制是否符合公司戰略要求。

□幾乎沒有　□偶爾　□普通　□經常　□總是如此

19. 基於整體戰略目標，判斷不同業務問題的重要性，並排出優先順序。

□幾乎沒有　□偶爾　□普通　□經常　□總是如此

20. 分析客觀市場資料及資訊，從中發現各類關鍵因素（如產品定位、客戶細分類型等）的直接關聯。

□幾乎沒有　□偶爾　□普通　□經常　□總是如此

21. 以宏觀視角充分考慮並平衡各項因素的利弊、思考並模擬不同戰略、比較分析可行性，最終選擇最佳戰略。

□幾乎沒有　□偶爾　□普通　□經常　□總是如此

22. 不被現有經營模式或運作框架所限制，主動考慮到未來存在的機會或者可能存在的風險。

□幾乎沒有　□偶爾　□普通　□經常　□總是如此

23. 簡單可信、實事求是、信守承諾。

□幾乎沒有　□偶爾　□普通　□經常　□總是如此

24. 除了自己能做到誠信之外，當發現別人不誠實的行為時，會去提醒和制止。

□幾乎沒有　□偶爾　□普通　□經常　□總是如此

25. 具備強烈的責任心，能帶來好的結果，好的結果包含業績的提升、突破性的效率。

（接下頁）

□幾乎沒有　□偶爾　□普通　□經常　□總是如此

26. 不滿足於現狀，勇於接受挑戰。

□幾乎沒有　□偶爾　□普通　□經常　□總是如此

27. 給自己不斷設定更高的目標，克服困難、努力做到。

□幾乎沒有　□偶爾　□普通　□經常　□總是如此

28. 當主管提出更高的目標時，勇於接受，並努力做到。

□幾乎沒有　□偶爾　□普通　□經常　□總是如此

29. 主動融入團隊，善於與不同的人合作，幫助團隊解決問題（團隊可以是所在團隊、也可以是跨團隊）。

□幾乎沒有　□偶爾　□普通　□經常　□總是如此

30. 接受新的變化，做出好的結果或帶來好的影響。

□幾乎沒有　□偶爾　□普通　□經常　□總是如此

31. 不拘泥於本職位現有的經驗和流程，能推陳出新，為團隊、部門或業務的帶來有效變化（如效率提升、結果變化等）。

□幾乎沒有　□偶爾　□普通　□經常　□總是如此

32. 站在客戶角度，主動了解客戶訴求，深刻理解客戶的需求，為客戶解決問題。（所謂「客戶」，對外是業主、商家，對內是公司內部客戶、服務項目）。

□幾乎沒有　□偶爾　□普通　□經常　□總是如此

33. 請用二至三個關鍵字說明被評估人的優點，並舉出具體事例：

_____。

（接下頁）

34. 請用二至三個關鍵字說明被評估人身上的待改善點，並舉出具體事例：＿＿＿＿＿＿＿＿＿＿＿＿＿＿＿＿＿＿＿。

35. 請選擇您與被評估人的關係。

□您是被評估人的直屬主管

□您是被評估人的同事

□您是被評估人的部屬

□您是被評估人的跨部門部屬

36. 您的姓名：＿＿＿＿＿＿

使用網路調查更便捷

網路調查主要是查應聘者在社交平臺的資訊，比如臉書、部落格、IG 等，另外，還可以透過正規網站查詢面試者的基本學歷。對於職位級別較高的求職者，可能還要調查其在公開場合的一些行為，以了解其資歷和具體水準，例如：演講、發表的文章、接受媒體訪問等。

‧社群帳號查詢

知道求職者的社群帳號後，可以上網查詢，以此了解求職者的相關資訊，並作為錄用參考。但是，社群媒體上的資訊只能片面認識面試者，而且實用性也不高，因為不是每個人都有社群帳號。

‧發表文章、影片

對於應聘較高職位的面試者，可以根據職業特性在網路上查找其與工作相關的活動，如發表過的文章、論文，或是演講及採訪影片等。

知識延伸　第三方協力廠商資料庫和機構

背景調查時，難免要借助第三方協力廠商資料庫和機構來完成工作，透過一些官方網站、法院、警察機關、大學院校及企業之間的資源共享，能夠讓 HR 快速掌握重要資訊。

注意背景調查的時間、內容順序，以此獲得更多資訊

HR 在背景調查時，應該掌握一些技巧，才能順利進行。有效的方法再加上基本功，所獲得的資訊會更多。

‧　背景調查聯絡時間

除了人資部自行上網查找，或是透過第三方機構調查外，打電話和發送郵件都需要選擇合理的時間。一般來說，要在工作日與相關人員聯繫，盡量不要打擾別人的私人時間。

而在週四之前，上班族的工作會比較多，為了能順利得到他人的幫助，可以在週四或週五聯絡對方。可選在某一天的下午 14：00〜16：00，這時間被拒絕的機率較小。

除此之外，應該盡量控制提問的時間，以 10 分鐘左右為佳，不宜太長，以免對方覺得厭煩。

・選擇內容順序

在開始背景調查或設計問卷時，人事專員要仔細考慮其內容順序，主要依照由表及裡、由淺入深的原則。從簡單說明情況開始，到確認面試者的基本資訊，再到實際的工作問題，最後問一些較為敏感的問題。這樣才能得到最完整的資訊，而不會被對方抵觸。

・設計背景調查內容

設計背景調查內容時，為了要得到更準確的資訊，要注意提問的細節和量化，這樣得到的訊息才真正有用，也值得耗費人力成本，如下例所示。

1. 「應聘者在面試中提及其在你們公司擔任行政總監，有部屬共 10 人，請問這是真的嗎？」

「是的。」

2. 「求職者在面試中提及其在你們公司擔任行政總監，有部屬共 10 人，那其管理的人員有哪些？」

「嗯，主要是司機 4 人、清潔員 4 人、前臺 2 人。」

「這樣看來其並未直接管理行政人員，對嗎？」

「是的。」

‧ 拉下面子才能成功

在做背景調查時，極有可能被拒絕，因此 HR 要明白這很正常，如果過分在意反而不能繼續後續工作。要懂得靈活多變、態度友好，這樣才能得到別人的幫助。

知識延伸　技巧總結

除了幾個大的要點外，人資須掌握四個背景調查基礎技巧：第一，開始背景調查前，羅列好問題。第二，背景調查問題要有前後邏輯，不能過於混亂。第三，背景調查問題要合乎情理，記住「數據為主，事例為輔，少講感覺，了解評價」。第四，開放式問題盡量要少，以能得到準確答案的封閉式問題為主。

03 入職面談怎麼談，對方開心上班

　　對企業來說，員工就職非常重要，完善的入職流程能夠使員工融入公司，提高業務積極性。而人資部的任職面談，是就職流程中不可或缺的一環。

　　任職面談是員工剛進入企業時，展開的一次面對面溝通，一來能了解職員的生活狀況和適應情況，二來能說明員工對公司情況的掌握。

任職面談，幫助新人融入環境

　　對新手人事專員來說，可能會不明白為什麼要做就職面談。要知道新員工面對一個陌生的環境，容易手足無措，而不能百分百的投入工作。如果 HR 能安排一次入職面談，相信能夠給新進職員帶來一些安慰，發揮積極的作用。

・表示關心

　　對新進職員來說，如果公司願意花時間面談，那麼員工一定會覺得公司關心自己，人事人員透過面談活動向員工表達了關切，不僅對新人後續工作有正向的影響，對方也會覺得公司非常人性化。

·提供指導

剛任職的職員會面臨種種困難，這時候最需要的就是主管和同事給予的幫助，很多問題不好意思講出來，須藉由任職面談來了解新人現在的工作狀態，並為其解決。

·加速融入

雖然是正式面談，但由於聊天模式，不會造成新進員工的壓力，新人能與公司的在職人員迅速拉近關係，不僅能夠更熟悉公司環境，還有助於快速融入。

·提醒員工規範

除了對工作專案生疏以外，還要面臨一個難題，就是熟知公司的各項規章制度，這不是短時間內能夠做到的事。因此，提醒新人注意重要條款，也是入職面談的其中一個目的。尤其是對於一些員工共同遵守的行為規範，如出勤時間、會議時間以及辦公物品使用規則等。

入職面談說什麼？聊經歷、談專案、鼓勵他

對很多公司來說，就職面談不像面試或離職對談那樣嚴肅，一般不會規定必須要談什麼。HR 可以根據實際情況和不同職位設計不同的內容，包括詢問員工感受、所需的說明、給出指導意見等。

人資可按照三個階段來設計，一是聊聊過去的工作經歷，二是講講公司現在的工作專案，以及員工可能面臨的困難和所需的協助，三是鼓勵新人，希望其能幹勁滿滿。下面來看看具體的介紹。

- **過去的工作經歷。**了解新進員工過去的工作、業績，並掌握其業務能力。常見的對話如下所示。

> HR：「你好，羅伊，恭喜你通過面試，加入本公司。」
>
> 羅：「謝謝，我也覺得自己很幸運。」
>
> HR：「你過去是做財務管理的，在本公司工作也有幾天了，覺得現在工作與過去有什麼不同嗎？」
>
> 羅：「哦，其實工作內容都大同小異，我做起來還比較順手，以前公司的財務報表都是由我核對的。」
>
> HR：「是嗎？那你之前一般處理哪些工作事項？」
>
> 羅：「我主要負責公司的日常財務核算，組織各部門編制收支計畫，編制月、季、年度營業計畫和財務計畫，負責企業的納稅管理。不過加入公司以後，還要參與經營管理，並根據資金運作情況，合理調配資金。」

- **現在的工作專案。**可以先介紹公司相關部門的大體情況，然後了解員工現在的工作感受，是跟上節奏，還是根本搞不清狀況，看是否有能幫得上忙的地方。常見的對話如下。

HR：「你在公司也工作幾天了，還適應嗎？」

李：「這幾天的事情比較忙，我要學習的也很多，所以暫時還沒有時間想。」

HR：「哦，那你現在清楚你的工作職責嗎？」

李：「還在摸索之中，有的工作已經上手了，有的還有點模糊。」

HR：「你覺得目前公司的工作環境及氛圍如何？」

李：「同事之間還算比較友好，有什麼事情都能夠溝通。」

HR：「你認為公司規定的上班時間如何？」

李：「我能夠接受，大多數公司都是朝九晚五，因為我住的不算很近，所以給了我足夠的通勤時間。」

HR：「你對所處部門的整體印象如何？工作團隊怎麼樣？」

李：「我們部門的管理相當合理，每個人都有安排的工作，團隊也比較和諧，目前我沒有看到推卸責任的情況。」

HR：「你是否了解公司的規章制度？有沒有不清楚的地方？」

李：「公司大致的行為規範我都了解了，就是對於報銷費用方面還有些不清楚，須根據實際情況詢問同事或主管。」

HR：「你目前工作中有何困難？需要人力資源部或公司給你什麼樣的幫助？」

李：「我在工作中還是有很多不熟悉和不明白的時候，我找不到具體的人詢問，總是問周圍有空的同事，這樣效率比較低，我希望能由主管安排一個人能讓我請教他。」

HR：「好的，我明白了，這個問題公司一定會盡快幫你解決。」

- **鼓勵員工**。在最後階段，HR 應該鼓勵員工，告訴員工認真投入工作，公司一定不會虧待。常見的模式有：「這份工作是你新的起點，我相信你一定能發揮自己的長處，取得好的成績。」、「好好幹，你一定沒問題！」、「只要你有信心，做出成績，公司一定會視情況提拔你，你可以從設計助理升到設計師，再升到設計總監，前途無可限量。」

入職面談比較輕鬆、多元，人事專員主要須向員工傳達積極的工作態度，以免職員因為害怕困難而導致工作效率不高。

有效的入職面談即解決員工問題

如果要進行任職面談，想好內容還遠遠不夠，若想要達到高效率，人資還要從幾個方面來執行，首先是設計好對談流程，其次是給回饋，最後則是總結整個過程。

就職面談的流程一般是：**人力資源部確定時間和地點→將通知發送給各部門主管→各部門主管通知員工→確認後回覆給人資部**。然而，具體情況會依據不同企業、不同職位而有所不同，請看下例所示。

某公司人力資源部最近要開始入職面談活動，所以 HR 在緊鑼密鼓的設計基本流程，經過幾次會議，大致確定了以下方向。

1. 技術人員：人資部發送通知及人員名單→技術部經理根據名單通知需要面談的員工→技術部經理確定地點和時間→回覆人力資源部予以確認。

2. 行政職員：人資部發送通知及人員名單→行政總監與面談人員初步確定時間→回覆人力資源部予以確認。

3. 中高層管理人員：人資部發送通知及人員名單→總經理與各部門管理人員初步確定時間→人資部確認時間。

根據設計好的流程，HR還要規定此次入職面談的人員條件——到職一週的員工，並擬好面談通知。

面談回饋主要是討論待解決的問題，根據事項的輕重緩急，人資應該給出不同的處理意見，若能夠由人事人員自己決定的就無須再討論。最好在一週內討論完畢，這樣才不會耽誤正常工作，同時HR須借助「就職面談紀錄表」，如下列圖表3-7。

▶▶ 圖表 3-7　新員工就職面談紀錄表

姓名		部門	
職位		到職日期	
第一次面談（到職三天後）面談時間：　　　　　　面談人：			
面談內容	面談情況和結果		備註

（接下頁）

你到職後對公司的整體印象與就職前是否有反差？如有，請舉例說明是哪些方面？		
你的部門主管、部門負責人給予的幫助與關心程度如何？有何建議？		
你目前與同事、主管的相處如何？		
你目前工作中有何困難？需要人資部或公司給你什麼樣的幫助？		
面談人意見：		
第二次面談（到職七天後）面談時間：　　　　　面談人：		
面談內容	面談情況和結果	備註
你清楚你的工作職責嗎？		
你清楚公司組織架構嗎？你了解部門內設施嗎？		
你認同公司企業文化、工作氛圍嗎？有何建議？		
你目前工作過程中、生活中有何困難？需要公司或人力資源部提供哪些支援與幫助？		

（接下頁）

你認為目前公司的工作環境及氛圍如何？		
面談人意見：		

　　面談總結，由人力資源部將此次過程中的普遍問題進行羅列統整、及時處理、梳理解決辦法，並做成總結報告，上報主管階層，最後歸檔。

第4章

薪酬談判，
用數字說話才有底氣

經過層層選拔終於確定招募人選，
人資以為可以鬆一口氣，結果卻卡
在了薪酬談判上。

01 薪水不能漫天要價，各行各業都有基本價

　　薪酬是員工藉由勞動或勞務，而獲得的酬勞或答謝。一般來說，包括直接以現金形式支付的薪資（例如基本工資、績效獎金和激勵獎金）和間接透過福利（比如養老金、醫療保險）以及服務（帶薪休假）等支付的酬勞。

　　招募優秀員工，薪資絕對是關鍵，人事人員要主動與員工談薪酬，透過相互磋商、交換意見，達成共同協議。

　　薪酬談判大致分為以下三步驟，如圖表 4-1 所示。

▶▶ 圖表 4-1　薪酬談判的三大步驟

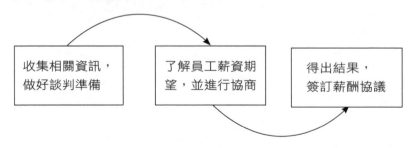

提前備好資料，薪酬談判先贏一半

由下列的案例我們可以知道，準備薪酬談判有多麼重要，如果事先掌握對方的情況，HR 一定不會這麼被動挨打。

由於公司發展壯大，所承接業務越來越多，因此上半年招進一批業務專員用於拓展業務，然而卻遺留了一些管理問題。現在，公司必須馬上招進一個經驗豐富的業務主管，來解決業務專員的管理問題以及市場的拓展方向。

人資專員王××在各線上求職平臺上，積極搜尋符合公司徵才要求的人才，終於找到了一個從業 10 年的業務主管趙××，王××立即向其發出了面試通知，趙××也如期而至。經過幾輪面試，公司高層對其非常滿意，便進入了最後的薪酬談判環節。

此次談判由人力資源總監劉××負責，劉××向其介紹了公司的薪酬政策和薪資結構，並對業務主管的工資標準做了簡單說明。趙××立即表示自己無法接受，並拒絕了繼續溝通。

趙××離開後，人力資源部覺得不可思議，還沒有協判便直接離開的情況是前所未有的，所以人力總監調查了一下趙××的基本資料，發現他目前其仍在××公司任職，對於更換工作顯得並不著急。其現在的月薪是 40,000 元，而公司給他的基本月薪是 25,000 元，比其現在的工資低很多，趙××的行為可以說完全在情理之中。

　　HR 在執行薪資協商時，須提前準備的資料、資訊可以大致分為下列三類。

　　第一類是談判者的基本情況，主要透過以下三個部分著手（參見圖表 4-2）。

▶▶ 圖表 4-2　談判者的基本情況

了解面向	具體內容
在職情況	1. 在職人員。在職者對薪資要求較高，並且會比較目前的工資，目的是希望得到比目前職位更高的薪資。 2. 離職人員。已經離職的員工對薪酬要求相對較低，談判的餘地較大，這樣人資能夠明確給出薪資待遇，完成薪酬談判。
個人能力	1. 學歷。一般來說，學歷越高，薪資就該有所提升。 2. 個人素養。掌握個人素養能方便人事採取相對應的談判技巧，例如：遇到急躁的人，應該盡量簡化協商過程。 3. 專業技能。如果擁有特殊專業技能，對薪資要求可能很高。 4. 工作經驗。工作經驗在 10 年以上的人，人事專員要考慮其真正期望的薪資。
人才類型	1. 稀缺人才。對於稀缺人才，HR 就不能強行引導其接受公司的薪資標準，而應該把重點放在如何留人。 2. 普通人才。按照公司的薪酬體系進行談判。 3. 過剩人才。對於過剩人才，人資人員就應該掌握主動性，盡量節省公司人力成本。

　　第二類是行業薪酬水準，HR 要將公司的薪資標準與行業薪酬水準相比較，確定合適的薪水，不能太高或太低，否則無法進行談判作業。一般而言，可從下列圖表 4-3 的三個面向來了解。

▶▶ **圖表 4-3　行業薪酬三大面向**

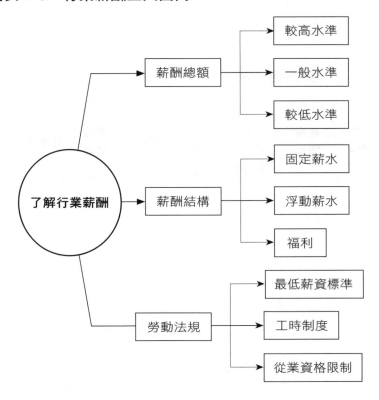

　　從圖表 4-3 可以看到，人資在理解同行業相關職位的薪資標準時，可先從市場薪酬總額水準入手，分別了解高、中、低程度的工

資標準，這樣就能根據職缺的實際情況給薪。

另外，也要掌握同行業、同職位的薪資結構，例如：固定工資、績效獎金和薪酬福利。此外，也應該記錄下每項工資在薪資總額中的占比多寡。

人事人員可以透過表格，將調查的資料記錄下來，方便進行談判。下列圖表 4-4 為某飯店業客房領班的薪資調查表。

▶▶ 圖表 4-4　薪酬調查表

序號	飯店名稱	薪資標準	福利		補助	績效獎金	總收入	備註
			店齡工資	年終獎金				
1								
2								
3								
4								
5								
6								

　　藉由圖表 4-4，HR 可以清楚知道行業相同職位的薪酬，不至於在談判過程中提出不合理的要求。

　　第三類是企業基本情況，很多人資可能會不解，為什麼在薪酬談判過程中，要對企業的基本情況有所認知？這是為了能夠準確告知求職者想要知道的資訊。當然，一般來說，徵才對象最關心的就是工資，因此人事人員更要詳細了解公司內部薪資標準。各位可從以下圖表 4-5 的幾個部分著手。

▶▶ 圖表 4-5　企業的基本情況

了解面向	具體內容
工資標準	1. 薪資水準、2. 薪資結構、3. 其他福利。
晉升空間	1. 升職路徑、2. 升遷條件、3. 職位設置。
業績考核指標	1. 任務指標、2. 考核辦法。
工作環境	1. 企業性質、2. 勞動強度、3. 工作地點。

　　除了要備好資料和資訊外，談判邀約、商討時長、協商人員安排等事項，也須事先做好應對，否則會導致交涉現場混亂不堪。請看下例。

　　本月初，××網路設計公司經過幾輪面試後，終於確定了本次徵

才的最終人員名單——劉××、趙××、周××、李××。為了盡快讓招來的人員就職，人力資源部將薪資談判的時間安排在本週六上午11：00，並安排四人在同一時間進行協商。

在前一天，HR 王××用簡訊將談判事宜通知四位設計師，卻只收到了趙××的回覆：「抱歉，正在外縣市出差，不能趕回。」

在週六上午11：00正式開始薪資協商時，只有兩人如期而至，事後人資部進行調查時，才知道另一位應聘者根本沒有看到人資發的簡訊。HR 首先向兩位設計師介紹了基本的薪資標準，卻遭到了質疑，覺得公司提出的待遇過低。談判一時之間陷入了僵局，雙方並未達成一致意見。

上例中 HR 並未在商談前做充分的準備，所以薪酬談判難以成功。以下有幾點失誤，人事人員應該更加重視。

1. **邀約時間太緊迫**。在協商前一天才通知對方，一來可能通知不到位，二來招募對象會覺得公司不近人情。

2. **談判時間不合理**。邀約時間不應該定在休假日，這樣容易打亂面試者原有的一些計畫。

3. **多人談判沒有目的性**，公司也會喪失目的性和主動權。

因此，在準備薪酬商談的過程中，HR 要先考慮如何進行談判邀約，如右頁圖表 4-6 所示。

▶▶ 圖表 4-6　邀約談判 SOP

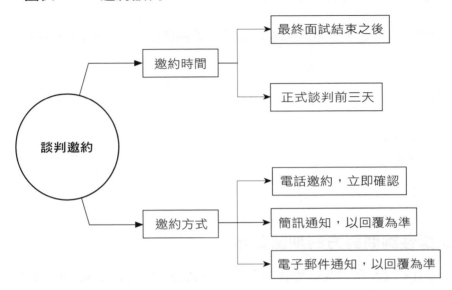

在設置談判時間時，要注意兩個要點，一是非休息日（包含國定假日），二是非用餐時間，而商談的具體時長也要控制在兩小時以內，時間過長會做白工。

計畫好邀約條件後，人事也要儘早安排相關談判人員。公司可組織三人左右的談判團隊，對招募員工進行單獨商談，並避免集體協商。而談判團隊的組成成員有：人資專員、HR 中高層、相關部門負責人、公司中高層。

根據談判對象不同，人資部也應該安排不同級別的談判人員，比如人資行政主管，派出普通的人事專員顯然是不行的，可以參照下頁圖表4-7來安排。

▶▶ 圖表 4-7 協商人員的選擇標準

談判人員	招募對象職位級別	應聘者薪酬標準	招聘對象職位重要性
人資專員	低	普通標準	一般
人資經理	中	高標準	關鍵
人資總監／管理層	高	額外分紅	核心

試探性詢問對方的期望薪水

　　HR 代表公司做薪酬談判時，並不是要一味壓低應聘者的薪資，而是透過溝通找到一個讓雙方都能滿意的平衡點。在這個過程中，人資必須知道求職者的期望薪水，這樣一來才能進行有價值、有目的性的談話。

　　為了讓自己心裡有底，應該怎樣選擇談判方式、應該怎麼設計薪資上下限，這就需要人事專員在開始階段詢問對方的期望薪資。當然，詢問的方法和語句最好不要太過生硬，應該以對方可接受的、自然的方式來提問，如下所示：

- 「你覺得薪水多少可以接受？」
- 「你能接受的薪資範圍大概在多少？」
- 「你給自己預設的薪酬下限是多少？」

- 「我想我們對你的基本情況在面試中已經認識得差不多了，現在想順便了解一下你目前的薪資範圍？」
- 「你是否願意透露自己能接受的薪酬下限？」

根據以上例子，人資專員大致可以從兩方面來對話。第一，多用表示委婉的詞語，或是模糊數字的詞語，比方說：「左右、範圍、大致、可能、上限、下限等。」第二，不能直接開口，要有過渡語，例如：「接下來……」、「順便……」、「從剛剛的對話中了解到……」、「那麼……」。

下面來看看 HR 是怎麼得到求職者的期望薪水：

HR：「王××，你好，恭喜你通過了我們的幾輪面試。」

王：「謝謝。」

HR：「從幾輪面試來看，你的各方面能力都很好，包括一些業務經驗、英語能力和溝通能力。」

王：「多謝您的肯定，我一定能展現自己的價值。」

HR：「你的履歷做得很有特色，我看了一下，履歷上有寫薪酬大概在每月 35,000 元左右，不知你現在在這個薪資標準上加了多少？」

王：「其實我的薪資都是相對我付出的價值所得來的，進入公司後，我的工作負擔比原來還重，工作任務也會增加，所以我覺得自己的薪資每月再加 3,000 元是沒有問題的。」

HR：「好的，我知道了。」

壓縮談判空間並掌握主動權

在談判的開端，人事人員要做的就是為談判留餘地，這樣才有機會掌握主動權。在協商時，若要想壓縮出一點空間，要從兩方面下手，一是收集可用資料，並表明自己的態度；二是在心理上給予對方壓力，使其心理期待有所下降。

這兩部分是相輔相成的，知道越多，就越能掌握主動權，掌控了主導權就能給對方一定的心理壓力，讓對方按照自己的規則和套路來思考，這是「資訊＋心理博弈」的一個過程。

（1）前期壓縮進度

事實上，在初試時，面試官與應聘者也會探討薪酬問題，這時為了保證自己能夠順利通過初試，很多面試者會降低自己的期望薪資。如果在正式的薪酬談判前，能夠整合面試中涉及的薪資資訊，對協商非常有利。

在談判前期，人資專員快速將薪酬底線壓到合適的位置，後面交涉起來就容易多了。

HR：「在之前的面試環節中，你曾提到期望薪資在 25,000 元以上，是嗎？」

A：「是的，其實我之前的工作，每月的基本工資是 30,000 元。」

HR：「你之前是在××公司擔任財務助理對嗎？」

A：「沒錯。」

HR：「據我所知，××公司的普通員工薪資每月一般落在 25,000 ～28,000 元，不知道是不是這樣？」

A：「嗯……您了解得很全面，不過工作較忙的時候，我們的薪水也會做滾動式調整。」

HR：「其實在財務助理這一塊，25,000 元的基本工資是非常合理的，你覺得呢？」

A：「差不多吧，業界薪資水準都這樣。」

上例中，人事人員依據面試環節的資訊，並結合業界水準，快速鎖定了求職者的薪資下限，將談判進度往前推進了一大步。由此可以看出前期的準備對壓縮談判空間非常有幫助。

另外，人資一定要及時掌握面試者在履歷中或面試中曾提到的薪資，這樣才能知己知彼，百戰不殆。

（2）分解薪酬結構

在談判時，為了壓縮出更多可協商的餘地，HR 可以分解薪酬結構，將應聘者提出的高薪拆開來，以此降低基本薪資。基本的薪酬結構有：固定薪水、績效獎金、加班費、企業業績獎金、年資加給、補貼補助、銷售獎金以及按件計酬等。

如果某談判對象提出的月薪為 50,000 元，HR 可將這 50,000 元拆分為固定薪資、按件計酬、補助補貼，並向其提出每月基本工資

為 35,000 元，員工則根據自己的業績可以獲得 12,000 元的績效獎金，每月還有 3,000 元的交通和餐食補助。這樣一來，求職者更容易接受，談判空間又能壓縮出 15,000 元，這對公司來說非常有利。

（3）固定起薪標準

為了掌握主動權，人事在談判時，一定要表露出公司起薪的基礎不是原薪酬和行業薪資水準，否則應聘者容易拿出之前的資料和業界資料來反擊。

人資應該在合適的時候告訴對方，公司的薪酬制定規則與工作環境、公司發展、部門特性的關聯性極大，業界標準只能作為參考。如此能夠表示出公司有自己的定薪標準，而薪酬變動性並不高，談判空間是有限的，而非漫天要價。

HR：「我們公司一般應徵採購員，薪資是每月 28,000 元左右，這樣你接受嗎？」

B：「我覺得可能有點不符合市場行情，我有一些做採購的朋友每月的工資都在 35,000 元以上。」

HR：「是這樣的，我們公司比起其他大型貿易公司，還在起步階段，所以員工薪資與市場水準相比較低，為了增大公司內部的競爭，我們特意將基本工資定得比較低，而將績效獎金的比例設得比較高。」

B：「其實，在前公司時，我的薪資還更高一些，更換工作，我當然也希望自己的薪水能夠更上一層樓。」

　　HR：「這個我們也能理解，但是我們公司剛起步，員工人數不是很多，業務量也很充足，如果你認真工作，我相信績效獎金一定能讓你滿意，我們起薪一般都是根據公司實際情況而定。」

　　B：「好的，我明白了。」

（4）弱化徵才對象

　　人資在談判中一定不能擔任弱勢角色，因此將職位的競爭性誇大，有助於得到更多談判籌碼。人事專員不能表現出公司很需要對方，而應該透露此次來應徵的人很多，要依情況擇優錄取。

　　除了降低求職者的重要性，還可以從面試者的劣勢來壓縮談判空間，比如對方的經驗不足、語言能力不強等，這樣應聘者才會更易接受人事提出的薪酬標準。常見的用語如下所示：

　　•「對比你的綜合能力，在眾多面試者中並不算突出，你的競爭優勢在於你對薪酬的要求比較合理。」

　　•「你的薪資與工作經驗是互相的，你提出的薪水要求顯然不符，要知道很多應聘者的工作經驗都在五年以上。」

　　•「在你的專業技術並不十分突出的情況下，你提出這麼高的薪水要求，我們可能要重新考慮你的性價比了。」

　　•「你不應該只考慮薪資，而是更應該看看我們提供的好的工作機會，你日後還有機會去國外深造，難道你沒有意識到我們的條件很優越嗎？」

· 「我們的薪資標準，與招募職位的技術性和應徵人員的重要程度有關，而且你要知道，薪酬並不代表一切。」

02 從菜鳥到行家，
##　　都要學「討價還價」

　　經過初試、複試，HR 終於為企業選擇了一批人才，不過真正的挑戰還在後頭，要透過合理的薪資協商留下應聘者。如果沒有找到合適的方法，很容易使談判陷入僵局。

　　所以，面對這最後的關鍵一步，人事更要謹慎，其實有很多薪酬商談的方法和技巧，就端看其如何運用了。

遵守薪酬談判原則，拿捏兩者間的平衡

　　HR 要明白，這項工作的本質不是為了刻意壓低求職者的薪水，而是應徵到合適的人才，在此階段要遵循一定的原則，把握好薪資和員工價值的平衡點。人資一定要知曉並注意以下三點：

- **把握底線**。既然是協商，那麼就一定有空間，人事人員一定要把握住自己的底線。千萬不能被對方牽著鼻子走，一旦鬆了口，可能帶給企業難以承受的損失。
- **理解對方訴求**。薪酬談判是一個溝通的過程，而人資專員一

定要記住，雖要有一定的主動權，不過也不能各說各話，一定要主動了解對方的訴求和底線，才能開始真正的商談。

‧ **運用技巧**。在談判時，要靈活改變談話方式，這是薪酬協商的一項重要原則。主要可從以下幾點入手。第一，對於不是核心的工作崗位，要保有高姿態；第二，用已有的薪資制度和資料來替自己說話；第三，遇到態度不配合的應試者，要注意不要「迎難而上」，應該等其想法全盤托出後，再說出自己的看法。

善用表格說明談判

薪資協商的方法有很多，最直接、簡單的一種是利用各種資料表格來佐證自己的觀點，讓自己設計的薪資標準看起來是合理的。談判時，最重要的就是公司統一制定的「薪酬職級表」，透過該表格，HR 可以守住自己的底線，且有憑有據的提出可接受的範圍。

薪酬職級表主要由兩部分組成，一是「職位薪酬對照表」，如右頁圖表 4-8 所示；其二是圖表 4-9「職務分類表」（參見第 153 頁）。透過這兩個表格，對公司內部的職位進行職級分類，並按等級劃分薪資，人資可以事先準備好薪酬職級表，在談判時能有理有據的介紹公司的基本起薪標準。

▶▶ **圖表 4-8　職位薪酬對照表**

職級	序號	基本工資	各項補助	福利津貼	合計	績效占比	年終分紅
E	3	25,000	5,000	10,000	40,000	20%	待定
E	2	20,000	5,000	10,000	35,000	20%	待定
	1	15,000	5,000	10,000	30,000		
D	5	20,000	2,500	5,000	27,500	20%	無
	4	17,500	2,500	5,000	25,000		
	3	15,000	2,500	5,000	22,500		
	2	12,500	2,500	5,000	20,000		
	1	10,000	2,500	5,000	17,500		
C	5	15,000	1,500	2,500	19,000	20%	無
	4	12,500	1,500	2,500	16,500		
	3	10,000	1,500	2,500	14,000		
	2	7,500	1,500	2,500	11,500		
	1	5,000	1,500	2,500	9,000		

（接下頁）

職級	序號	基本 工資	各項 補助	福利 津貼	合計	績效 占比	年終 分紅
B	5	9,000	1,500	2,000	12,500	10%	無
	4	9,000	1,500	1,500	12,000		
	3	9,000	1,000	1,500	11,500		
B	2	9,000	1,000	1,000	11,000	10%	無
	1	9,000	1,000	500	10,500		
A	5	7,500	750	1,500	9,750	0%	無
	4	7,500	750	1,000	9,250		
	3	7,500	500	1,000	9,000		
	2	7,500	500	750	8,750		
	1	7,500	500	500	8,500		

　　除此之外，HR 還能藉由「面試登記表」了解應聘者的一些基本資訊，例如：過往工作經歷、不同工作階段的薪資待遇。人事專員透過對照相關資料可以找到職位與薪酬的平衡點，並且給出合理的薪資建議。

▶▶ **圖表 4-9　職務分類表**

職稱類別	適用職位	對照薪資級別				
		A	B	C	D	E
高階管理類	總經理、副總經理、各部門總監等。					v
中階管理類	各職能部門負責人、各事業部部長、經理、高級商務助理等。			v	v	v
基層管理類	各部門主管、經理助理等。		v	v	v	
普通類	各部門文職人員，以及銷售行政內勤人員等。	v	v			
專業類	公司各相關技術和專業職位：銷售人員、諮詢師、技術員、人資專員、財務人員等。		v	v	v	v

　　人資部在設計面試登記表時，最好含有「期望薪酬」和「最低可接受薪酬」這兩項資訊，即使求職者寫的未必是真實想法，也好有一個參考方向，如下頁圖表4-10所示。

▶▶ 圖表 4-10　面試登記表

姓名		性別		
		籍貫		
身分證號碼		出生日期		
居住地址		電話		
參加工作時間		畢業院校		
畢業科系		學歷		
期望薪酬		最低可接受薪酬		
工作經歷	工作時間	工作單位	職位	離職原因
人資部意見	主管簽名：	人事部門意見	主管簽名：	

放大企業優勢

每個公司在應徵時，為了吸引更多的人才，都會有意無意的誇大企業優勢，比如工作環境、公司前景及公司福利等。在進行薪酬談判時，更要從不同角度來闡述企業強項。

不過，即使是擴大公司優點，也需要一定的技巧，面對不同的求職者，HR 應該要怎樣說明不同的企業優勢？可以從應聘者的各種離職原因，來分析其最看重什麼。

・**對工資不滿意**。如果人資得知面試者是因前公司未給予其滿意的報酬、讓其個人價值得不到認可，可以從補貼、福利著手，盡量表現出企業的薪酬制度非常完善和人性化。

HR：「從之前的面試環節中，我們了解到你之所以從前公司離職是因為對薪資待遇不滿意，這是真的嗎？」

李：「是的，我認為前公司沒有尊重我的勞動價值，就離職了。」

HR：「那麼你對薪酬的要求一定很高？」

李：「並不是這樣的，我希望能得到合理的報酬。」

HR：「其實我們公司的對於員工收入這一塊有很多設想，除了基本工資以外，每月還有交通補貼、午餐補貼，也會為員工辦理勞健保，如果員工個人績效突出，我們還會按比例結算績效獎金。」

李：「這樣看來貴公司的薪酬體系很完善。」

HR：「是的，我看你上一份工作的月薪是 25,000 元，你覺得不滿意，那麼你覺得多少合適？」

· 沒有發展機會。如果求職者的離職原因與有無發展空間有關，人事可以講述公司的發展規畫，並透露晉升途徑。這樣一來，也許對方會為了好的發展機會，而在薪酬上有所讓步。

HR：「你可以簡單談一下你的離職原因嗎？」

羅：「好的，我其實很看重自己未來的發展，而這幾年，我覺得還在原地踏步，前公司並沒有給員工向上升遷的管道和機會。」

HR：「那麼你覺得前公司給你的薪酬還合理嗎？」

羅：「還不錯，不過我並不是只看重薪資的人。」

HR：「我們公司對職位的區分比較精細，如果你工作認真，在達到一定的工作年限和績效標準後，就能升職。」

羅：「那太好了。」

HR：「我們公司行政助理的晉升管道一般是行政助理、行政專員、行政主管、行政總監，級別劃分清楚，升遷透明。」

羅：「貴公司真的很看重員工的發展。」

HR：「沒錯，我們公司在升遷制度方面非常全面，再來我想了解一下，你在之前公司的月薪大致是多少？」

· 缺乏深造機會。有的面試者非常看重自身能力，並不想單

純的工作，而是希望從中學習、不斷提升自己，所以離職可能是因為前公司無法提供。這時，人事專員應該說明企業內的一切培訓活動，讓應聘者覺得有很多的學習深造機會。

　　HR：「周先生，我們在之前的面試中了解到你是一個很好學的人，你上過專門的語言學校，還自學了電腦程式設計。」

　　周：「是的，我始終覺得，人活到老學到老，只有不斷學習才能更上一層樓。」

　　HR：「我們公司的管理理念中也有終身學習這一條，看來你非常適合本公司，我們有系統化的培訓體系，包括就職培訓、基本技能培養、國外深造機會等，你一定能在工作中不斷提升自己。」

　　周：「那太好了。」

　　HR：「你之前每月的工資有 35,000 元，現在我們打算給你 40,000元，你能接受嗎？」

放慢薪酬談判的節奏

　　放慢薪酬談判節奏是謹慎的另一種表現形式，比如，應聘者提出期望薪酬後，你雖覺得合適，但切忌一錘定音，這樣很容易給其帶來心理落差。對方心裡會想：「這麼爽快就答應，早知道就多要點。」也很容易出現想再跟人資談談薪資的念頭，或者即使最後去上班，心裡也會有芥蒂。

　　協商是一個相互溝通的過程，最忌諱的就是急性子，一問一答、一來一回就敲定了薪酬所有事項。因此刻意慢下來很重要，而 HR 要如何掌握談判？主要有下列三個節奏點可供參考。

　　第一是理解薪酬範圍，確定最初薪資。透過具體的數值讓雙方可以進行「討價還價」。

　　第二是冷靜期，不要及時回應應聘者的要求，可以轉移話題，談談別的事，爾後再拉回主題。

　　第三是攤牌，經過一段時間的溝通，人事人員要明確亮出自己的底牌，完成此次談判。

　　以下來看看在協商過程中，那些可以代表節奏點的語句吧。

　　HR：「你好，根據你的面試登記表，你的期望薪酬是 30,000 元／月，是嗎？」

　　張：「沒錯，這是我的期望薪資。」

　　HR：「按照公司的薪酬標準，可能沒有辦法滿足你的要求。」

　　張：「那公司的標準是多少？」

　　HR：「我們認為每月 25,000 元比較合適。」（節奏點一）

　　張：「是這樣的，我在之前的公司也是每月 25,000 元，如果我只得到一樣的薪酬，其實沒有必要換公司。」

　　HR：「我理解，不過，先說說你對我們公司的印象如何吧。」（節奏點二）

　　張：「貴公司環境很不錯，員工的積極性也很高。」

　　HR：「其實，薪水雖然是選擇職業的一個重要指標，但不代表所有的一切都以薪酬為標準，首先在我們公司有比較好的福利待遇，其次如果你願意，我們會定期安排員工外出工作，獲得更多實踐的機會。」

　　張：「我同意您的觀點，但是我對自己的能力很有信心，我認為自己值得拿每月 30,000 元的薪水，並回報給公司更多的利益。」

　　HR：「每月 25,000 元是經過公司的薪酬職級等級而劃分，這個也是不能改變的，但是公司在績效獎金、加班費、三節獎金方面的補助制度非常完善。」

　　張：「是嗎？」

　　HR：「除了基本工資，你每月還有 1,000 元的基本補助，公司也會為你辦理勞健保。根據公司業務員的基本情況，每月你可以拿 2,500 元的績效獎金，算下來每月也有 28,500 元的收入。」（節奏點三）

　　張：「這和我預期的差不多。」

　　HR：「這樣一來，你也能在更好的工作環境上班，並得到更多鍛鍊的機會，而且公司位於市中心，交通便利，可省去很多麻煩。」

　　透過上述的例子，我們可以大致感受到，薪酬談判並非一蹴可幾，而是要經由不斷交涉、平衡來做出最合適的決定，並成功完成應聘。

運用期望效應滿足員工薪資需求

期望效應（Expectancy Effect）又稱皮格馬利翁效應（Pygmalion Effect），期望是對自己或他人的一種判斷，也是對自己或他人達到某種目標或滿足某種要求的預期，由期望產生的行為結果就是期望效應。

企業管理中經常會用到期望效應，因為企業管理者或主管對員工的期望行為，會對工作動機產生正向影響。而在薪酬談判中，運用期望效應可以達到很好的效果。人事專員要靈活運用，但是這需要一定的協商經驗，並不是短時間就能掌握。

不過，透過基本的步驟，菜鳥人資也可以運用期望效應，如下列圖表 4-11。

▶▶ 圖表 4-11　期望效應三階段運用法

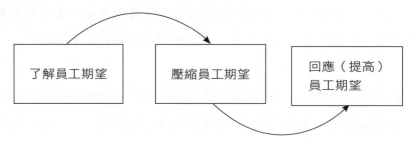

經由這樣一個套路，可以讓準員工有峰迴路轉的心理體驗，更容易接受之前不願接受的薪酬要求。

HR：「好的，既然你提到這一點了，我也順便了解一下，你對薪酬期望的底線是多少？」（了解期望）

趙：「和面試登記表上的一致，我希望自己每月至少能有40,000元的基本工資。」

HR：「趙小姐，我們公司的薪酬標準不以業界標準為主，所以和你期望的會有一定的差距。」（壓縮期望）

趙：「哦，我知道了。」

HR：「其實根據我們的調查，更換工作的加薪空間大概在10％～20％，我們覺得每月30,000元的基本工資，再加上2,500元的補助是很合理的。」

趙：「這樣嗎？」

……

HR：「我們公司為了鼓勵新進員工更快融入公司、做好相關工作，在任職半年後會有一個加薪的機會，只要你表現正常，每月的基本工資可以達到35,000元，並享受2,500元的補助。」（提高期望）

趙：「是嗎？」

HR：「沒錯，這是我們公司比較人性化的地方，雖然現在薪酬沒有達到你的理想，但是有加薪的空間，並且可以享受各項福利。我們還能提供其他公司沒有的發展機會。」

趙：「這樣的話，我想我能夠接受。」

隱去薪酬計算細節

在公司薪酬標準與市場行情相距甚遠的情況下，**人資一定不要直接透過數字來談判**，這樣只會把弱點暴露在對方面前。讓我們來看以下示例。

HR：「我們公司為採購員設定了統一的薪酬標準，可能與市場行情不一致，薪資結構是基本工資＋交通補助和通話補助＋績效獎金。」

吳：「那每月的收入能達到多少？」

HR：「採購員的基本工資是28,000元，另有交通補助500元，以及通話補助500元。」

吳：「績效獎金能拿多少？」

HR：「每個採購員每月所領到的績效獎金不一定，個人績效獎金＝該月基本薪資×10％×部門係數×個人考核等級係數。採購部門的係數是2，剛到職員工的『個人考核等級係數』為0.5，因此採購員可獲得績效獎金為1,500元。」

吳：「所以績效獎金並沒有很多，這樣我想也沒有必要再談下去了，我在前公司的基本工資都是35,000元，績效獎金高的時候還能拿到10,000元。」

從上例可以看到，直接告知求職者薪資結構及計算方式是非常不明智的，一旦對方發現不符合自身期望，可能不會輕易接受，談判一定會陷入僵局。

其實人事專員最高明的談判是避免計算工資，而能夠用浮動的比例進行說明，這樣對方會對薪資有所期待，也不會陷入具體的「數字爭奪戰」中。

HR：「一般來說，我們給銷售員的薪水分成兩個部分，一是固定薪資，占總薪酬40％；二是浮動薪資，占總薪酬60％。」

胡：「這樣我每月大概能得到多少？」

HR：「根據工作情況的不同，每月所得的薪資也不一定，不過我們公司的原則是確保固定工資能保證員工基本生活，而浮動工資則要看個人的表現。」

胡：「有具體可以知道的金額嗎？」

HR：「當然，銷售員的固定薪資是每月26,400元，績效好的員工一個月可拿到35,000元的薪水。」

胡：「哇，雖然基本工資不高，但是實際收入還是可以接受。」

HR：「沒錯。」

當企業薪資與行業水準相比，處於劣勢時，人資人員最好透露相對較高的員工薪酬，讓對方從中了解到，透過自己的努力，可以獲得滿意的報酬。

切忌將具體資料精確計算出來，而是只告知對方職位級別、薪資結構和比例。在介紹公司福利和補貼時，最好羅列具體項目，而非金額。

不要亮出薪資底牌

有的 HR 新手為了給求職者留下一個親切的印象，可能會主動提及薪水範圍，這正是犯了薪酬談判的大忌。

HR：「對於你應聘的技術維修職位，我們公司一般來說給出的薪酬在 20,000 元～40,000 元，你的期望薪酬是多少？」

A：「我希望每月能有 35,000 元的薪水。」

上述案例中，人資在還不熟悉對方期望薪資的情況下，就告知了公司的薪酬範圍，讓自己陷入被動，而從應聘者的回答中，也無法得知其真正的期望薪水。求職者原先可能設在 25,000 元左右，但是聽到人事專員提出的話後，就往上調了一點。

就算人資人員要事先透露具體的薪酬範圍，但也不能輕易亮出自己的底牌，可以給出一個最低工資來試探對方的接受度。尤其是有巨大談判空間的工作崗位，對於優秀人才當然可以提高待遇，但對於一般員工，則要有所控制。

整體薪酬概念更能滿足職員需求

整體薪酬（Total Compensation）是近年來較受歡迎的一種概念，指的是企業在制定薪水時，讓員工也參與其中，為每個職員建

立不同的薪資組合，並依據其興趣愛好和需求，做出變更。這種概念非常靈活，應聘者可以根據工作和生活的安排，來選擇適合自己的薪資組合以及各薪酬的比例。

所以整體薪酬又稱為自助餐式薪酬方案，與傳統相比，整體薪酬更注重員工的看法，職員的滿意度更高。

在××有限公司的一次薪酬談判中，人事專員針對離職問題與對方展開了以下對話。

HR：「你能簡單說一下為什麼要從前公司離職嗎？」

白：「老實說是對薪酬不滿意。」

HR：「我看了一下你之前的薪資狀況，你的薪水在同行業中算高的了。」

白：「是這樣的，在我離開上家廣告公司時，公司還為我加了薪，不過這並不是薪酬高低的問題。」

HR：「哦？」

白：「即使我的年薪達到了很高的水準，不過長時間處於加班狀態中，我的私人生活已經被打亂了，我更希望自己能過上可以外出旅遊看世界的生活，而不是成天加班。」

HR：「所以你希望公司能給你提供福利假期對嗎？」

白：「如果是這樣就太好了。」

透過上面的對話我們可以得知，不同的員工有不同的需求，並

不是高薪就能留住人才。因此，整體薪酬概念更能滿足職員的需求。這是能表現整體薪酬的等式，TC＝（BP＋AP＋IP）＋（WP＋PP）＋（OA＋OG）＋（PI＋QL）＋X。以上公式中，各個字母所代表的含義如右頁圖表 4-12。這些要素都可以作為薪資結構中的其中一項，供員工選擇。以下來看看如何透過整體薪酬概念進行談判。

　　HR：「你好，王××先生，恭喜你通過了層層考核，被公司工程部錄用。」

　　王：「謝謝。」

　　HR：「我們公司在薪酬待遇方面比較靈活，不知道你怎麼想？」

　　王：「嗯，我其實覺得大概落在行業的平均值就可以了，我更看重未來的發展和個人的休息時間。」

　　HR：「我們公司引入整體薪酬的概念，可以按照員工的需求來提供相對應的待遇。」

　　王：「那具體是如何？」

　　HR：「公司的員工分A、B、C三個層級，A級是高階主管，在公司內部有舉足輕重的位置；B級是中階主管和核心技術人員，是公司不能缺少的人才；C級是普通員工。不同層級的員工，其薪酬的構成要素有所不同。」

　　王：「好的。」

　　HR：「你是公司的技術人才，屬於B級員工。B級員工的薪酬待遇有基本工資、定期收入、發展機會、生活品質、私人因素。除了基本

▶▶ 圖表 4-12　各個字母代表含義

字母	含義
TC	整體薪酬。
BP	基本薪水。
AP	附加工資——定期收入（如加班費等一次性報酬）。
IP	間接薪資——福利。
WP	工作用品補貼，由企業補貼的資源，如工作服、辦公用品等。
PP	額外津貼，購買企業產品的優惠折扣。
OA	晉升機會——企業內部的升遷管道。
OG	發展機會——企業提供員工學習和深造的機會，包括在職、在外培訓和學費贊助。
PI	心理收入，員工從工作中得到的心理滿足。
QL	生活品質（如上下班便利措施、彈性工時、保母等）。
X	私人因素，個人的獨特需求。

工資和定期收入是固定的，你可以自行選擇其他任一要素。」

　　王：「嗯，我想我更注重發展機會吧。」

　　HR：「好的，那我可以理解為你更希望基本工資、定期收入、發

展機會作為組成工資待遇的要素，對嗎？」

王：「是的。」

HR：「我們公司對於相關技術人員的基本薪資規定為……。」

從上述對話中，我們可以大致了解到整體薪酬概念在談判中的應用，如果將整體薪酬的構成要素進行分類，可分為以下五大類，這樣在實際運用中會更加方便。

·**保障薪水**：是指基本工資或固定薪資，能夠保證員工的日常生活。這是企業內部必須要支付的人力成本，也是最大一塊支出。一般來說，企業會透過壓縮保障薪酬來減少成本，不過，對於聰明的人資而言，投資人力是不可避免的，因此要努力提高性價比。

·**激勵薪資**：是指一次性發放的薪資，包括獎金、專案工資等，這是根據不同職位，為員工的勞動成果而設的。只要達到一定績效標準或完成某個盈利項目，就能獲得企業的激勵薪酬，有現金形式，也有股權形式。

·**薪資替代品**：是指不會實際發放，但對員工的個人生活有正面影響的福利，包括勞健保、工作必備物品以及夏季清涼飲料等。

·**薪酬補助**：薪酬補助既可以是現金也可以是優惠券，或是辦

公設備、系統的升級，企業透過這些補貼，能提高員工的認同感，更接受薪水條件。而且，額外補助也確實能改善員工的生活，是薪資談判的一大籌碼。

・**薪水的柔性部分**：這屬於激勵薪酬，像是個人發展機會、心理收入以及精神激勵等，對於剛出社會的年輕人來說比較重要。他們既希望得到工作報酬，又能開心工作，並且受到肯定，才能不斷進步。

03 上談判桌之前，得先有備案

　　前面我們講了一些薪資談判的方法，HR 可以採取各種適合自己和實際情況相符的方式來進行協商，盡量做到既滿足對方的基本需求，又不浪費較多的人力成本。不過，僅僅了解面談還不夠，還應該懂得一些談判技巧，以便面對突發狀況。

談判陷入尷尬局面，HR 該怎麼解

　　雖然談判之前，有經驗的人資會事先準備資料和表格，並選擇一個較好的談判方式，但進入協商後，還是會發生很多意想不到的情況，比如雙方突然陷入僵局，或出現比較尷尬的時刻，這時人事專員應該運用一些基本的交涉技巧來化解。

　　以下是薪資談判過程中，容易遇到的一些狀況：

・對方一直避談自己的期望薪酬

　　我們都知道談判就是要知己知彼，在亮出自己的底牌前，人資必須對應聘者有一定的理解。可是有些求職者基於某些顧慮，總是對薪酬標準顧左右而言他，無論如何詢問，也會想盡辦法回避。

　　這就容易陷入僵局，那麼，人資專員就不能再透過常規的詢問

方式來得到對方的回答，而是應該旁敲側擊，或是先談其他話題，等對方放鬆以後再繼續聊。

　　HR：「李小姐，你期望的薪酬落在什麼範圍？」

　　李：「嗯，這個我還是根據行業標準來定吧。」

　　HR：「如果每月有30,000元的基本工資，你會不會覺得滿意？」

　　李：「很難說。」

　　HR：「好吧，那我想了解一下是什麼動機驅使你加入本公司？」

　　李：「我非常看重貴公司的發展前景，並認同你們的經營理念。」

　　HR：「最近幾年IT產業變得比較火熱，所以業內有很多人才，薪水也在不斷往上漲，你對此怎麼看？」

　　李：「我覺得人才不斷湧入也能說明該產業的繁榮，但只有提高薪酬才能吸引人才，這是相輔相成的。」

　　HR：「根據行業的相關報告，該職缺的月薪平均在35,000元左右，你覺得怎麼樣？」

　　李：「我覺得還可以再往上調一點。」

　　HR：「嗯。」

・低預算情形

　　很多時候，人事專員的考驗並不來自於面試者，而是公司內部。如果主管需要應徵一些員工，但人力成本預算又很低，面對這種情況，人資也備受考驗，不過這也能有技巧的解決。

　　對菜鳥人事而言，如果陷入兩難，可以從這兩步著手，一是坦白告知對方我們的薪酬不如人意，二是提供別的當作協商籌碼。

　　某公司最近要招一批業務員，但是給出的每人月薪在25,000元左右，主管將這個任務交給了人力資源部負責。在經過一系列面試後，按照職位要求篩選出一批合格的業務員，並馬上進行薪酬談判。面對低預算的人力成本，人資與求職者有了以下對話。

　　HR：「高小姐，我們剛剛談了很多，我相信我們之間已經有了一些認識，不過我仍然要說，雖然你的期望薪資在30,000元，我也相信你可以拿到這程度的工資，但是很抱歉，我們公司只能開出每月25,000元的薪水。」

　　高：「這……不得不說，與行業薪資相比太少了。」

　　HR：「我理解，但是據我所知你住在××區，而我們公司也在××區，若你在我們公司任職可以節省很多通勤費用和時間。」

　　高：「我的確有考慮這個問題。」

　　HR：「而且我們公司的基本設施都很好，員工用餐環境、茶水間內的冰箱、微波爐、咖啡機、自動販賣機等一應俱全，你工作時可以輕鬆很多。」

　　高：「這倒是不錯，我平時也喜歡自己帶飯。」

　　HR：「我們公司是週休二日，絕對不會占用你的私人時間讓你去跑業務，這一點可以放心。」

高：「這個也是我比較看重的，家裡有小孩在上幼稚園，還是希望能多抽出時間陪陪他。」

HR：「如果你家裡有小孩的話，我們公司的彈性工時制度就非常有用，我們公司給業務員兩個可選擇的出勤時間，一是10：00～18：30，二是9：00～17：30。如果你早上要送小孩上學，可以選擇第一種通勤時間，這樣會輕鬆些。」

高：「本來你開的工資太低，我是不打算考慮的，不過既然是這樣我願意想想。我想知道還有沒有別的福利？」

從上面的對話可以看出，人事人員雖然知道薪資低，但也並非無解，要盡量了解對方，並從對話中知道其重視的點，在公司可行的情況下，將談判籌碼表現出來，看對方是否願意接受。

・談判對象不切實際

談判時，人資常常會遇到求職者不顧自己的能力和市場行情，不切實際的漫天喊價。遇到這種情況，人事專員可能會哭笑不得，不知該如何回應。

HR：「談了這麼多，你對該職位的薪酬是怎麼想的？」

李：「我覺得年薪百萬元是我的理想薪資。」

HR：「嗯，李先生，你提出這個薪水標準是依據什麼？」

李：「我是根據業界的薪資水準提的。」

　　HR：「行業的薪酬標準有高有低，年薪百萬元是非常優秀的人才能拿到。」

　　李：「是這樣沒錯。」

　　HR：「你覺得自己哪方面的能力可以達到產業的最高標準？」

　　李：「嗯，那麼你覺得薪資多少合適？」

　　HR：「李先生，我覺得你的經驗非常豐富，將來在業內一定會更加出色，不過現階段我們只能給你年薪 500,000 元。」

　　遇到對方漫天要價時，人資人員要保持冷靜和基本職業素養，詢問其開出此薪水的依據，能力不足的應聘者就會自覺理虧，這時人事專員就要從現實的角度出發，提出公司的薪酬標準。

　　一旦對方認清自己的能力，就不會繼續無限制的亂開價，而會主動與人資溝通具體薪資。

事先做好談判備案

　　談判備案是指人事在談判前制定的方案，為了順利完成協商任務，招到合適的員工，很多人資會制定二至三套談判備案。每套談判方案的薪酬標準都有所不同，並規畫具體細節。

　　一般來說，人事人員會將協商的重點和細節用表格記錄下來，然後統一放在準備資料中，以便正式商談時使用。談判備案中應包含談判目的、方式、時間以及地點等。

常見的薪資談判備案表如下列圖表 4-13。

▶▶ **圖表 4-13　薪酬談判備案表**

主要因素		具體細節
協商職位		
商談目的		
談判方式	一對一	
	多對一	
薪酬商榷範圍		
職位薪資結構		
協商時間		
談判地點		
商談氛圍		
談判資料目錄		
商榷原則		
商議人員		

（接下頁）

	主要內容	注意事項
協商主要內容及注意事項		
	公司福利	公司優勢
談判籌碼		

按照以上表格，人資部可以在談判前開專題會議，並將表格中所涉及的因素，一條一條談攏，這樣人資就好辦多了。HR 新人在做薪資協商時，最容易犯的錯就是覺得起薪壓得越低越好。

第 **5** 章

用人的重要大事：
績效回饋

為了更加科學、有效的管理員工，很多企業都會進行員工績效考核，而在打考績的流程中，績效回饋（performance feedback）不可或缺。

01 搞懂績效回饋六大原則

　　績效是指員工在一段特定時間內，對企業目標的貢獻度，是業績和效率的統稱。現在幾乎所有公司都會對員工進行績效考核，以查看其能力。

　　績效評價是在考績的基礎上，針對員工的個人業績做評比並形成規範。績效回饋，就是將評價結果告知被評估對象，並對其行為產生正面影響。績效回饋是績效評估的最後一環，也非常關鍵，是否能達到考績評估的預期目的，最終取決於績效回饋實施的好壞。

回饋目的著重在改善缺失與提升績效

　　雖然很多員工對績效考核的接受度並不高，但是從管理層面來講，考績能有效說明員工的工作狀態，並提出發展方向。所以，在考核評價後，HR 會召集相關人員展開回饋面談，目的是達到以下幾點效果：

・了解員工的想法

　　面對定期出爐的考績結果，不同的勞工可能有不同的看法，人資透過回饋面談要將績效結果告知員工，並得知其真實看法。如果

職員有其他想法或不清楚的地方，人事人員應該與之溝通，解答其疑惑，爭取達成一致意見，這樣才能進行後續談話。

・分析優勢和劣勢

績效回饋的最終目的是使員工不斷成長，從而帶給企業更大的利益，根據考績結果，人資要幫助職員分析優勢和劣勢。對於員工身上的優點，HR 要代表公司高層進行表揚和激勵；而對於既有的缺點，則要指出改進的方向。

・提出改進意見

在面談的過程中，雙方要針對改進計畫交換意見。HR 可以提出自己的建議和意見，在得到員工認同的基礎上，制定出計畫大綱，詢問對方有哪些地方需要主管和公司協助，並盡量滿足其要求，以表示支持。

・展望未來的績效目標

在結束一輪績效考核後，會立即做下一輪，人資應該清楚知道職員是否有既定工作目標，這樣就能明確的朝著績效目標努力了。

搞懂績效回饋六大原則，創造勞資正向效果

HR 若想要透過考績回饋達到正向效果，一定要注意基本原則，

如此才能得到最佳效益。通常有下列幾個原則：

（1）常態原則

考績回饋應該形成系統性、常規性，而不是偶爾興起，比如一年一次或幾年一次。原因有以下兩點。

第一，員工在工作中會不斷出現問題，管理者如果想達到好的管理效果，就應該隨時抽查、糾正。如果某位職員的成績在一月時沒有達標，上位者應該在二月初提出改善計畫，而不是等到年末再去做考績回饋，這時已經過了最佳時機。而且，因為該員工的問題一直得不到解決，連帶導致企業的利益也跟著受影響。

第二，職員認同考績結果是回饋的基本條件，人資應該在每次考核結束時，向員工透露考績結果，這樣才能讓員工在心理上更加認同。

（2）目的原則

績效回饋面談應該有目的性，主要須了解勞工的工作行為和績效，而不是對方的性格特點。即使談到員工的優缺點，也應該圍繞在業務上。比如，某位員工的團隊合作能力較弱，在考績面談時，人事人員不該將重點放在對方性格是否內向，而是應從不願意與人溝通開始，指出必須改變與他人的交往方式。

（3）提問原則

為了實現績效回饋的初衷，HR 應該以提問為主，以此理解員工的想法，而不是自顧自的提出要求。在時間的分配上，應盡量遵循「二八原則」，**80%的時間留給員工，20%的時間留給自己**。提出技巧性問題，鼓勵職員多表達內心想法，並給予相關建議，此時，人資須注意態度，切忌以高姿態告訴對方應該如何做。

（4）未來原則

面談時，雖然是看之前的考績，但不能僅僅停留在檢討過去，人事要擔負起回顧過去、展望未來的引導作用。從評估結果中總結出有用的資訊，並思考如何制定未來發展計畫。

（5）積極原則

面對不同的績效結果，人資要一視同仁，不要因為某些員工的成績不好就輕視他。無論考績好壞，人事專員都應該鼓勵職員繼續努力，讓對方感覺到公司對其重視，這樣才能積極面對接下來的業務。

（6）制度原則

績效回饋是考績中的一環，因此，公司應該有一套完整的面談制度，並規定績效回饋的各個問題，保證能真正且持續發揮作用。

依據時間、地點、對象，選擇合宜的績效回饋

對於員工的各種考績回饋，有的時常在進行，有的則每逢考核期做一次。根據績效回饋的時間、地點、對象等，區分結果如下列圖表 5-1。

▶▶ **圖表 5-1　績效回饋方式分類**

分類	具體方式
正式溝通	書面報告、正式的一對一面談、會議溝通。
非正式溝通	沒有具體的計畫，可能會隨機發生，例如：非正式會議、聊天、走動時的交談、用餐時的交流等。

知識延伸　非正式溝通的特點

非正式溝通是在一個不拘謹的環境下進行，這種方式的優勢在於不限時間、地點，既可以靈活多變，也不需要特別準備什麼，還能節省很多時間。藉由簡單交流，可以對員工有一定的了解，拉近彼此之間的距離，且有助於快速解決問題。但是，因無具體實施計畫，最後回饋效果會大打折扣。

大多數的企業為了保證最終的回饋效果，往往會選擇正式加非正式交流。而正式溝通的具體介紹如下所示：

·回饋面談

一般而言，回饋面談有兩種——團隊與一對一。團隊回饋是指一個人向多名員工；而一對一回饋則是一個人向一個職員。後者的效果更好，但也更為複雜。

根據不同的內容，可以分為不同類型的面談（參見圖表 5-2）。

▶▶ 圖表 5-2　四種回饋面談類型

指導型面談	指導型面談對於人資的要求較高，且一定要懂得激勵和指導的技巧，主要是正面指導員工的行為，以此完成績效回饋，適合較內向、參與感不強的員工。由於這種面談是單向形式，所以很難獲知員工的真實想法。
傾聽型面談	這種形式較為常見，不僅能夠給員工發表的機會，也能從其想法和建議中提出意見，分析績效結果，找到改進方向，以便安慰自信心受挫的員工。如果職員對績效評估的結果有任何疑問或是不滿，人資專員也可以借此機會解釋。
解決問題型面談	透過該面談，人事人員了解員工在工作中遇到的困難、問題，並從心理、外在條件、人員安排上，來改善員工的工作環境。這種績效回饋的方式比較實際，從員工需要協助的地方對症下藥，能提高下一階段的工作效率。
綜合型面談	從字面含義來看，我們可以大概可以猜到，該回饋方式是由以上幾種面談方式所組成，並透過一定的計畫，讓整個交談過程達到應有的效果。

·會議討論

會議討論是將績效考核中的一些典型問題做統計、羅列，選擇相關的物件一起討論，對於不合理的問題提出質疑，改善普遍性問題並探討出解決辦法。此外，透過會議討論，讓員工加深對考績的認識，了解工作考核的重要指標，並多加留意。

在這個過程中，要知曉以下一些注意事項：

1. 回饋群體的選擇要有目的性，要麼是同一部門的人員，要麼是同一層級的員工，這樣他們所面臨的績效考核問題才有相似性和共通性，且能一起討論。

2. 討論時，要考量會議的主題，最好是以面臨的主要問題作為探討議題，並給予一定的鼓勵。

3. 商討氛圍要活潑、輕鬆、融洽。

4. 最後一定要有結果，要麼是解決方案，要麼是改進計畫，不然就會淪為形式。

5. 記錄下重要發言、主體論述和商討結果，並建檔造冊。

·網路討論

績效回饋還可以利用網路來進行，人力資源部門透過 LINE 群組、建立網路論壇，收集員工的意見和建議，讓相關人員一起討論。根據探討結果，人資部人員與各部門負責人應該做出反饋，一般可以透過郵件來回覆。

　　郵件的內容包括職員的績效評估結果、網路商討的結果和負責人的回應。這種形式不受時間、地點的限制，非常方便，而且不記名，員工可以盡情抒發自己的感受。

　　網路討論的好處是沒有面對面的緊張感和壓迫感，可以更加暢所欲言，但是 HR 可能沒辦法直接了解員工的真實情緒。

知識延伸　績效面談的後續措施

　　績效面談的形式雖然有很多種，也各有著重之處，在對談之後，HR 和公司負責人還是得制定相關解決措施，才能真正實現其效果。

02 檢討過程切忌爭吵，對事不對人

經由上一節，我們對考績和績效回饋有了一定的認識，並說明了可供選擇的反饋，最常見的就是考績回饋面談，而這也是 HR 的常規性工作。對於一個優秀人資來說，掌握績效面談的方法和技巧是基本。

若想做好回饋面談，首先要了解相關流程，下面來看看人事人員應該做好哪些準備工作。

資料準備充足，與員工共同進步

對於主導績效面談的人資專員來說，一方面要收集有用的資訊和資料，另一方面要做好談判計畫，確定相關內容，例如：反饋的重點、面談時間和地點等，並提前通知需要面談的人員。

（1）收集資料

收集相關資料是為了之後做準備，只有完全掌握員工的職位性質、工作和績效表現，才能做好面談。有鑑於此，HR 要收集好以下資料。

・**目標管理卡**：目標管理卡又稱目標責任書，是目標管理

（Management by objectives，簡稱 MBO）的一種重要工具。在績效考核中，目標管理卡扮演著非常重要的角色，可以反映員工在考核期內的目標和最終結果（參見圖表 5-3）。

▶▶ **圖表 5-3　目標管理卡**

姓名		職位		部門		考核期	
主要工作目標	評分標準 A:4；B:3 C:2；D:1		權重		完成情況		
1.							
2.							
3.							
4.							
5.							
被考核人簽名			考核人簽名				

・**工作說明書**：工作說明書（Job Description，又稱職務說明書、崗位說明書），是對企業職位的任職條件、工作目的、指揮關係、溝通關係、職責範圍、負責程度和考核評價內容的定義。

崗位說明書既可以作為應徵、錄用員工的依據，也可以當為基本考績評估。而在績效面談中，大部分的對話內容都圍繞於此，所以要收集職務說明書以備查閱（參見圖表 5-4）。

▶▶ 圖表 5-4　工作說明書範例

崗位名稱	出納	所屬部門	財務審計部
直屬主管	財務審計部 經理	直屬部屬	無
職位定員	3 人	所轄人員	無
職責與工作任務			
現金日記帳 管理	1. 嚴格控制現金使用範圍，庫存現金控制在額度之內。 2. 嚴格按照現金管理制度進行現金收付款業務。 3. 能及時、逐筆、依序登記現金日記帳本，現金帳要做到日清日結、帳款相符。		
負責各種有價證券、銀行票據的管理	1. 各種有價證券、銀行票據的登記保管工作，統一保存在保險櫃內，金額較大的請銀行代為保管。 2. 編制有價證券、銀行票據明細表，詳細記錄銀行票據單位、內容、面值、到期時間；對於到期票據，及時通知相關人員辦理收款，每月五日前向主管提交結存統計表。		

（接下頁）

管理公司增值稅發票和普通發票	1. 保管增值稅發票和普通發票，嚴格控制使用範圍。 2. 對於已開出的發票進行及時掛帳處理，作廢的發票則要收回。
負責納稅申報	1. 每月按時向主管稅務部門進行納稅申報，填制各種納稅申報表。 2. 負責與稅務部門溝通，辦理其他與稅務有關的業務。
銀行存款管理	1. 隨時掌握銀行存款的收、支、結餘情況，且嚴禁開空頭支票。 2. 根據填制有效的會計憑證辦理銀行收付款業務。 3. 每月按時領回銀行存款對帳單。 4. 辦理銀行保證書，每月月底統計保證書結餘情況，對到期的保證書負責通知經辦人收回，並向主管提交結餘統計表。 5. 負責與銀行的溝通，辦理其他與銀行有關的業務。
工作權力	
人事權	無
財物權	無
業務權	對虛假、錯誤的原始憑證、不在預算內的開支、不符合財務制度的操作，有拒絕權；不按照公司要求執行的契約，有拒絕權；對不符合契約要求的付款，有拒絕權。
工作合作關係	
內部協調關係	公司各部門。
外部協調關係	稅務部門、各銀行。

（接下頁）

任職資格	
教育水準	大專以上學歷。
專業	財務會計及相關專業。
培訓經歷	財務會計相關培訓。
經驗	兩年以上相關工作經驗。
知識	熟悉財務、稅務管理知識，了解財經法規和相關業務領域專業知識，掌握公司生產製作流程。
能力	具有一定的分析判斷能力、溝通協調能力，熟悉電腦Office軟體、稅務及銀行系統相關軟體。

・**績效考核表**：績效考核表是對員工的工作業績、能力、態度以及個人品德等進行評價和統計的表格。透過該表單可以判斷職員的考績結果、了解其業務表現，以及與職位要求是否吻合，是考績回饋中不可或缺的資料。

藉由分析該表，人資可以判斷員工的優缺點。在回饋面談的過程中，會將考績表交由員工簽名確認，獲得認同後，才能發揮其正常的反饋作用（參見右頁圖表5-5）。

・**員工績效檔案**：績效檔案與事先設計好的考績評估表不同，它是用於觀察和記錄員工的工作狀態和行為，是績效評價的重要輔助資料和證據。該表主要是由職員的直屬主管記錄，HR在做績效回

▶▶ 圖表 5-5　績效考核表

姓名		職位		部門		考核期	
評價內容		滿分	1次	2次	調整	決定	
崗位工作35%	1.能充分理解主管指示，有效的完成分內事務，不需要主管反覆監督或指導。	7					
	2.做事方法合理，總能完成預期目標和計畫進度，並能很快適應新任務要求。	7					
	3.做事敏捷、效率高、過程中極少出現數量或品質上的錯誤。	7					
	4.正確認知業務的重要性，能根據具體情況、條件分析原因，並透過調查、研究和推理歸納出方法，完成任務。	7					
	5.除了完成分內工作外，還能夠協助其他同事，並能提出好的建議。	7					
工作效果50%	1.業務成果達到期望目的或計畫要求。	7					
	2.能有效改進做事方法，並能提出適合組織發展的方案。	10					

（接下頁）

工作 效果 50%	3.能全心全意的工作，且能提出適合組織發展的方案。	10				
	4.經常保持良好的成績，工作熟練程度和技能提升較快。	10				
	5.能以組織長期發展目標，及時整理工作成果，為以後的目標創造條件。	10				
工作 態度 15%	1.能嚴格遵守規章制度及規定，很少無故遲到和早退。	3				
	2.能主動協助上級主管、配合同事。	3				
	3.忠於職守，從不無故離開工作崗位，很少有時間或經費上的浪費。	3				
	4.對分配的業務很少講條件，能及時回饋工作進展情況，並做到詳細、準確的匯報工作。	3				
	5.積極接受困難度大的業務，主動進行改善、改進，並勇於挑戰困難。	3				
考核分數合計						
考核結果等級						
被考核人簽名			考核人簽名			

饋時，應該向相關部門負責人索要（參見圖表 5-6）。

▶▶ **圖表 5-6　員工績效檔案**

職位：＿＿＿＿＿＿＿＿＿＿　　年　　　月				
被考核人			考核人	
序號	考核事項／指標	工作要求	績效行為紀錄	備註
1				
2				
3				
4				

（2）安排面談計畫

在收集好資料並分析後，人事人員就要做出商談計畫，一個詳細的計畫應包含以下五種要素：

・如何開始回饋面談。

・交談內容的先後順序與各階段的時間分配。

・要談些什麼，一般包括目的和作用、考核結果溝通、員工的優點和不足，以及改進計畫等。

・如何結束談話。

・過程中的相關注意事項。

此外，也要定出時間和地點，並知會對方。一般來說，會選擇在上班日，且是行程不緊湊的時段，如下午 4 點以後。而地點多選在會議室、辦公室等，這樣才能保證面談環境安靜且保密。同時，應該提前三天通知反饋對象，以確保對方能做好準備，並整頓好工作。

知識延伸　面談時間的控制

　　如果是月度考核，面談應該一個月一次，而時長一般控制在 10 至 15 分鐘；如果是年度考核，則應延長時間，但應維持在 30 分鐘左右。

做足功課順利完成績效回饋面談

在做好準備後，就要正式進入面談核心。如果想要成功完成商談，HR 應該選擇和排序談論的內容，不能隨意的、毫無章法的與員工溝通。右頁圖表 5-7 為績效回饋面談的基本步驟。

下面具體介紹這幾個基本步驟。

（1）面談開場白

面對不同類型的商談，人資也應該有不同的前言和開場。人事專員可從員工目前的工作著手，簡單聊一下近況，接著自然而然的

▶▶ 圖表 5-7　考績回饋面談的四大流程

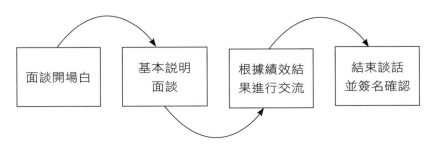

進入主題。最好用比較輕鬆、活潑的話語開場，努力營造一個和諧的交談氛圍。

　　HR：「小張，今天工作忙嗎？是不是很累啊？」

　　張：「最近工作是稍微多了一點，春季要開產品發布會，整個部門都很忙，習慣就好。」

　　HR：「待會兒談完，還有工作嗎？」

　　張：「這之後還要去現場看看，然後才下班。」

　　HR：「哦，那最近挺辛苦的，我看我們還是快點做完此次面談，以免耽誤你的時間。」

　　張：「嗯，好的。」

（2）基本說明面談資訊

　　一段暖場的開場白後，人資應該說明此次面談的目的、持續時間、對方的績效考核結果，以及評估結果。藉由幾個問題來客觀、

簡明的介紹商談基本資訊，並為後續的分析做鋪陳。

HR：「小李，我們今天可能會用15～30分鐘來分析你的績效。」

李：「好的。」

HR：「在開始之前，我還是想了解你是否清楚績效回饋目的？」

李：「我認為，績效回饋是在考績的基礎上增加對員工的幫助，透過這樣，能更加清楚認知到自己的不足，才會不斷進步。」

HR：「你的理解與公司進行考績初衷差不多，透過績效考核給予優秀員工獎勵，並幫助其改善不足，絕對不是刻意要懲罰或找麻煩。」

李：「嗯，這個我明白。」

HR：「根據你的考績表得分來看，你的整體表現位於中上，尤其是工作態度非常好，基本都在8分（滿分10分）左右；而且對於工作進度把握得非常好，基本上沒有拖延的狀況發生。」

李：「謝謝。」

HR：「無論是部門負責人還是你的直屬主管，對你的評價都很高，我引用一下評語：『你的工作能力和工作積極性都值得肯定，而且為人相當謙虛、有責任心，願意主動承接工作來做。』」

（3）根據績效結果交流

在說明考績結果後，人事專員便要提出具體問題。首先要詢問員工是否對績效評估結果有異議，如果有，請如實提出。在這個階段中，HR要遵守以下三個原則：

・**求同存異**：從員工認可的地方談起，反問對方為什麼對某點感到認同，卻不認同某部分，並說出理由。

・**切忌爭吵**：透過事實和資料讓員工接受自己的觀點，而不是互相爭吵、指責。

・**對事不對人**：不要攻擊職員，而要把焦點放在考績評測的具體事項上。

在雙方都認可的情況下，可以討論一些重點考評專案，此外，人資人員還能指出優點和不足之處，並聆聽員工的意見。

HR：「那麼，你對公司的績效評估結果有沒有異議？如果有，請一定要說出來。」

A：「其實，我對自己的工作能力有一點點疑惑。」

HR：「是哪一項？」

A：「是工作設備的使用，其實我並不是不熟悉，而是工作設備報修後，沒有及時維修，導致無法使用。」

HR：「哦，是嗎？這點我們會與相關負責人核實。其實你在設計方面有很多的想法，但是被否決率較高，你有總結過原因嗎？」

A：「其實我是一個想法很多的人，平常有什麼好點子我都會記錄在備忘錄中，但面對公司特定的設計主題和需求，我會覺得拘謹。」

HR：「你對運動服飾的設計有興趣嗎？」

A：「當然，我之前是做女性裙裝設計的，不過因為很喜歡公司的

運動系列，所以轉做運動服裝設計。但我覺得，在原有的理念上加入新元素很重要，所以提過很多的設計方案。然而並沒有得到客戶認可。」

　　HR：「你有設計的興趣和靈感，這對公司來說很重要，我們也非常看重你的設計才能，但是公司的設計是以市場為主，我們不得不考慮市場和客戶的需求，所以你今後應該把自己的設計與市場結合起來，讓你的靈感不被浪費。」

　　A：「我想是的。」

　　HR：「也許你可以和市場部的人多交流，參加他們的聯誼也行。」

（4）結束面談並簽名確認

　　最後，人資應該透過以下幾個環節順利結束此次面談：

・詢問員工在工作中需要的協助。

・羅列出改善的事項和改進方向。

・與職員確定下一考核期的工作目標、改正方式和完成時間，並要求對方撰寫書面報告。

・對員工表示肯定，希望在下一階段再接再厲，且發揮自己的長處。

・雙方達成一致意見，讓職員在績效回饋面談表上簽名，以便建檔留存。

知識延伸　聆聽技巧

　　在進行回饋面談時，要多給員工說話的機會，仔細聆聽對方的想法，但是聆聽也是有技巧的，不代表人資就要全程安靜，不做任何回應。有時候積極的回應是對員工的尊重，人事專員可以透過點頭、注視對方，讓其感受到被尊重，或是以簡單的「嗯」、「哦」來表達自己的認真態度。

改進計畫表，了解職員有無改善

　　為了達成更好的績效回饋目的，人資還要做好後續的業務安排，例如確定、評估、修改與推動員工改進計畫，這一系列的工作都是面談的延續，唯有完成後續事務，才能發揮真正效果。

　　然而，若想要有效實施，最重要的就是完成績效改進計畫。這是在 HR 與員工深入交流後，由職員自行制定，其內容包括改善專案、原因、目前成績和期望成效、改正方式以及期限。

　　在制定績效改進計畫時，要注意切合實際、符合時程，通常包含下列圖表 5-8 所列的幾個面向。

▶▶ 圖表 5-8　績效改進計畫的具體內容

內容	具體介紹
改善專案	指現在工作中的不足之處，或是可以更加精進的部分。員工可能有很多需要改進的地方，人資要注意提醒他們，選擇那些最為迫切或最重要的工作項目進行改善，不要急於求成。

（接下頁）

內容	具體介紹
選擇項目原因	通常是員工目前的績效未達基本要求，需要在之後的工作階段中不斷進步，以此達到目標。
目前成績和期望成效	績效改進計畫中最重要的就是目標，職員需要羅列出自己目前的表現與期望達到的效果，有對比才有改進的必要。
改正方式	有很多可提供選擇方式，比方說：自我學習、理論培訓、研討會、他人幫助改正等，員工可以結合多種形式並予以改善。
改進期限	任何計畫都須有時間的限制，這樣設定目標才有意義。

　　員工做好報告或計畫表後，要交由人資確認。而人事人員要做的就是透過回饋面談紀錄表，針對職員所提出的計畫補缺拾遺。

　　面談紀錄表是 HR 在商談過程中會使用到的表格，可以用來記錄面談中的一些重要事項（參見右頁圖表 5-9），當然也有一些人資只用純文字紀錄。

　　在修改和完善職員的績效改進計畫後，人事人員可以將資料整合，並製作「員工績效回饋及改進計畫表」（參見第202頁圖表 5-10），當員工在下一考核階段按照計畫實施時，HR 可根據該表單考察、推進，同時了解職員的落實程度。

▶▶ 圖表 5-9 **面談紀錄表**

	表現優秀的工作專案	員工自評	主管評語
談話摘要	1. 2. 3. ……		
	須改進的工作專案	員工自評	主管評語
	1. 2. 3. ……		
員工意見：		HR 意見：	
員工簽名： HR 簽名： 日期：			

▶▶ **圖表 5-10　員工績效回饋及改進計畫表**

姓名		工號			
部門		職務		考核月／季度	
考核分數		績效等級		績效係數	
考核摘要					
傑出的績效（按重要性排列）	1. 2. 3. 4.				
需要改進的績效（按重要性排列）	1. 2. 3. 4.				
績效改進計畫					
應採取的行動				完成時間	
績效面談時間				員工簽名	
面談者職務				面談者簽名	

03 用 5W1H 反饋，員工才聽得進去

　　績效面談的重要性不言而喻，但這對 HR 來說是大挑戰，須理解面談的方法和要點，才能使職員真正接受績效結果，並真心實意的改進。

　　如果不講方法只是隨意敷衍一下，一定得不到員工的認可，請看下方示例。

　　李××是××貿易有限公司的員工，做事一直勤勤懇懇，而且工作能力也很強。近期，公司進入發展市場的重要階段，需要市場部各人員將近期的分析報告趕出來，以便在接下來的市場發展研討會上使用。

　　於是李××在本週犧牲自己的個人時間，連續加班七天，好在完成了市場分析報告。在當月的績效考核中，李××表現突出。人資部對其進行績效面談時，特地表揚了他。HR 這樣對李××說：「李××你非常不錯，也非常敬業，前段時間一直在加班趕出分析報告，一定很辛苦吧，下個月可以放鬆一下，調整自己的心態，公司看好你哦。」

　　李××聽到人事的表揚並沒有很高興，反而覺得人資部很敷衍，也覺得公司並沒有重視自己，覺得有些意興闌珊。

　　上述案例中，人事專員透過簡單的、判斷性的詞語誇讚李××，

不得不說只是做表面工夫，這樣當然得不到認可。如果人資能針對職員工作做出具體評價，效果就會截然不同，如下所示。

　　HR：「李××你之前連續加班七天，編寫了市場分析報告，說明你非常重視工作。而且你的報告在討論會上得到了上級的稱讚，尤其是對某市場的分析，幫公司規畫了戰略部署策略。你對分析工具的使用非常熟練，這足以看出你的能力。如果你能進一步提升自己，將來一定大有可為，給公司帶來巨大的利益，也能給自己帶來更多的回報。」

績效面談的 5W1H

　　面對需要一定面談技巧的績效回饋，很多人事人員表現得並不優，甚至造成員工與企業之間的誤解。面談工作說來簡單，但很多人資都不知道要從哪裡入手。不過，只要掌握了績效面談的5W1H，許多問題就會迎刃而解，那什麼是 5W1H？

　　5W1H 即指 Why、Who、When、Where、What 和 How，其含義如下：

- Why：為什麼要進行績效回饋？／回饋目的。
- Who：面談對象。
- When：什麼時候給予回饋？／商談時間。
- Where：面談地點。

・What：回饋內容。

・How：對談流程／技巧。

透過以上六點，HR 可以掌握績效面談的基本要素，從而展開對談，下面讓我們來更詳細說明這六點要素。

根據不同類型的員工（被考核人），人資的商談方式也應該有所區別。圖表 5-11 羅列出四大類型。

▶▶ **圖表 5-11　員工的四大類型**

標準	工作績效好	工作績效差
工作態度好	貢獻型	安分型
工作態度差	衝鋒型	墮落型

針對圖表 5-11 所示的四種員工，人事應該有不同的回饋方式：

・**貢獻型員工**。績效回饋時，HR 應該把重點放在對員工的表揚和**提出更高的目標**。

HR：「根據你的績效考核表，你的工作專案得分都在 9 分左右，非常不錯。」

趙：「謝謝。」

HR：「尤其是聯繫客戶方面你做得非常好，也很有技巧，得益於此，大大增加了公司這個月的簽約量。」

趙：「這是大家的功勞，我只是做好自己的本分。」

HR：「你不用謙虛，你的工作態度相當好，不僅積極準備工作事項，還幫助同事解決問題，不知道你對今後的業務有什麼具體想法？」

趙：「我當然希望自己能夠更上一層樓，並且盡快升職。」

HR：「那真是太好了，你今後可以從客戶的品質著手，篩選出一些真正有實力的客戶，這樣更能提升工作能力，將來一定能成為優秀的業務經理，你對自己的工作安排有什麼計畫？」

．**衝鋒型員工。**此類員工很看重績效，但是工作態度為人詬病，人資要盡量掌握其對工作的真實想法，並耐心引導，爭取帶動其積極性。

HR：「小林，你上個月的績效成績不錯，主管交代你的事都能及時完成，並且沒有出現失誤。」

林：「嗯。」

HR：「不過你排斥額外的工作，是怎麼一回事？」

林：「我比較看重自己的私人時間，做好該做的事就可以了。」

HR：「當然，公司非常重視員工的私人時間，也並不要求所有人都來加班，但是上個月你們部門臨時更換方案，所以工作量非常大，需要所有員工共同努力才能完成，老實說你的表現有些不盡人意。其實，

你只須每天多做一點，就能獲得不錯的報酬，同時還能在突發事件中鍛鍊自己的能力，這對你來說也可能是一件好事。」

林：「也許吧，我會試著轉變自己的心態。」

HR：「從你的出勤狀況來看，很少有全勤，雖然出勤不代表所有，但既然已經在公司工作了，就應該有一定的責任心，你說呢？」

林：「當然，我會努力改變這個問題。」

HR：「你最近是否有什麼困難，需不需要幫忙？如果有請提出來，公司一定都會盡力協助。」

・**安分型員工**。這類員工雖然工作態度良好，但是績效明顯不達標，因此 HR 應該**幫助其制定具體、可實行的績效改進計畫**。

・**墮落型員工**。這類員工沒什麼優勢，人事須了解其是否有難以自行解決的問題，並安排其培訓、調職，如果不行可以辭退。

前面我們介紹了績效回饋的時間、地點和流程，在此重點介紹績效回饋的相關內容，如下頁圖表 5-12。

員工抱怨時，要懂得適時安撫及鼓勵

在同一家企業中，員工與負責人的立場往往不一樣，內心想法也大有不同，在做績效面談時也是如此。因此，不能指望員工一股

▶▶ 圖表 5-12　績效回饋的內容

內容	具體介紹
談員工表現	經由考績表，來告知員工的績效表現，讓其了解自己的考核成績和在部門內的排名，人資專員主要挑選突出的考績項目來予以說明。
談員工差距	人資在指導員工時，應該找出對方的關鍵行為，透過對高績效行為與低績效行為的對比，一方面表揚高績效行為，另一方面總結低績效行為，以期待得到改進與提升。
談工作任務	績效回饋作為下一績效考評週期的開始，人事應該在此談到員工接下來的工作任務和目標，並確定關鍵指標內容。
談資源配置	人事專員與員工確認之後的工作任務後，就應該繼續談到資源配置的事，只有給予對方想要的說明，才能保證工作目標和計畫順利完成。

腦接受 HR 的提議，相反的，也有可能會遇到極不配合的員工，對公司的績效考核和回饋產生抱怨，如下範例所示。

・「我工作已經很努力了，為什麼考績還這麼不如意？」

・「我工作一直很認真，結果主管卻沒有正面評價我的勞動成果，也許是根本不在意我，反而否定了我。」

・「我每天拚死拚活工作，卻只得到這樣的評價，有的同事天天打混摸魚，卻被主管表揚，真覺得自己不值。」

- 「這個績效考核根本就不科學，我的成果完全沒有被看到。」
- 「以前覺得努力就會有回報，現在看來卻不是如此。」

人資可能都曾聽過以上這些抱怨，如何回答或者安撫員工是一件棘手的事，可以從下列幾點做起，盡量輕鬆、愉悅的做完面談。

・不要使用極端型詞語

極端型詞彙在情緒表達上比較激烈，使用這些詞語會帶給員工強烈的衝擊，尤其是在指出不足之處時，應該謹慎使用，轉而尋找一些較為委婉的詞彙，來安撫員工心情，讓其更容易接受。

常見的極端型詞語有：一直、總是、絕對、從來、從不以及極差等，透過下列對比，可以知道這樣的詞彙對員工的打擊很大。

1. 「你一直都沒有將工作放在心上！」→「你最近的工作狀態不太好。」
2. 「你總是忘記向主管報告！」→「你好像沒有向主管報告。」
3. 「你的表現一直極差！你自己有什麼想法嗎？」→「你的表現有些馬馬虎虎，有什麼目標嗎？」

・不要加深負面情緒

當員工的績效成績不如意時，其心理落差一定非常大，如果人資不安撫、鼓勵員工，反而會加深負面情緒，並且讓對方產生叛逆

心理，根本達不到考績回饋的效果。

1. 「這就是公司的績效政策，不是由你我決定的……。」

2. 「你的抱怨沒有絲毫意義，希望你下不為例……。」

3. 「你的考績是根據你的工作表現而定，你只消好好反思你自己哪裡做得不夠好……。」

4. 「你首先應該反省自己，而不是質疑公司的考績政策……。」

5. 「我覺得你應該先冷靜，你現在說話有些神智不清……。」

6. 「你要是覺得自己的績效差，就更應該努力上進啊……。」

‧區分員工性格

員工的性格不同，適用的溝通方式也不一樣，不能千篇一律的問話。對於內向的員工，應該多問開放式問題，比如：「你覺得為什麼該專案你只得了七分？」、「你對設計部有什麼建議？」

對於咄咄逼人的員工，則要學會拒絕，請參考以下事例。

HR：「為什麼會出現這個問題？」

A：「我做了自己的工作，卻被負責人否定了，我不認為這是我的錯，我認為應該修改我的績效成績。」

HR：「抱歉，我覺得這並不能說明負責人有失誤，如果你能處理好後續問題，這種情況也不會發生。」（拒絕）

A：「可是這樣就能隨意否定我的成績嗎？」

HR：「請問負責人為什麼否定了你的工作？」（分析緣由）

A：「因為我的專案沒有達到部門規定的標準。」

HR：「所以你有什麼不滿？」

A：「也許我也有問題，但是並沒有人提前告知我。」

HR：「但你可以事先詢問負責人。」（提出另一種解決方式）

　　對於強勢的員工，人資要綜合各方面的看法，爭取以真實的資料和客觀的事實來得到其認同，少用肯定句，多用疑問句。

　　而對於情緒變化大的員工，人事人員一定要穩住自己的心緒，不能隨著對方的心情而放飛自我。應該學會轉移話題，不要在同一問題上刺激對方，或者可以換一種表達方式。

HR：「你為什麼會在如此重要的工作上犯錯？」

B：「雖然我造成了失誤，但是我已經盡力彌補，我心裡也不好過，也非常難受，我已經向主管、同事一一道過歉了，為什麼要一直揪著我的問題不放！」

HR：「不是這樣的，我們並不是要就此次失誤來指責你，不如你先說說這項工作開始時你的想法和安排吧。」

B：「好的……。」

・解決分歧

前面已經提到，在績效面談的過程中，員工和人資所站的立場

不同，想法也會有所不同，而面對二者間的分歧，HR 應該想辦法解決，主要有以下五項技巧：

1. 多用邏輯性語句，例如，「因為……所以……」、「雖然……但是……」。

2. 資料和事實是解決分歧的不二法寶。

3. 不用模糊性的詞語，像是，「大概、可能、也許」等；也不用籠統或評價性的用語，比如：「小陳覺得你……。」

4. 找到負責人，不將工作上的問題都歸咎於員工。

5. 不要不分青紅皂白，指出問題所在，而不是逃避分歧。

給員工意見後，不忘自評

在執行績效面談時，HR 會遇到各式各樣的情況，雖然已經掌握了一定的溝通技巧，但仍然要多加注意下列事項。

面談的保密。績效面談之所以能夠發揮作用，是因為過程是不可洩漏的，這樣談話對象才能沒有顧慮的說出心裡的想法。人事專員要做到絕對保密，並向員工申明，例如：「我謹代表人力資源部向你保證，決不外泄此次談話過程。」並拿出相關文件讓職員簽字，使其放心。

建立信任。雙方若要有效溝通，首先要建立信任，人資要從自己的言行著手，讓員工產生信任感，比如重視對方的看法、注意聆

聽、身體姿勢沒有處於防備狀態等。

意見具有建設性。人事人員不僅僅是問題提出者，還是指導者，如果沒有給員工任何建設性的建議，那麼就沒有必要談下去。

HR：「你不擅長管理工作時間。」

C：「是的，我還在學習當中，所以總是花比較多的時間。」

HR：「你必須馬上改掉自己的缺點，上個月你有四次不能按時完成計畫，並且將重要的業務留到之後再做，導致工作失衡，其他部門對你的行事也頗有微詞，我想你需要盡快提升時間管理能力。」

C：「好的。」

HR：「如果你需要相關的學習資料，我這裡有時間管理課程軟體可以寄給你，有什麼問題我們可以互相交流。」

C：「謝謝，這太好了。」

HR：「另外，你需要做一個時間管理能力提升計畫表，我也可以觀察和指導學習情況，希望能幫助你快速掌握時間管理技巧，這樣做起事來就能事半功倍了。」

不評判不足之處。指出員工的不足，人資只消描述具體事項和問題即可，不須自行評判，或使用任何情緒性用詞。

面談效果評估。結束後，人事還要自評，以便不斷提升面談技巧。可以藉由下頁 14 個問題，來檢測面談效果。

1. 對談過程中是否有人打擾？

2. 面談中，員工是否比較緊張？

3. 交談過程中，我是否經常打斷員工的談話？

4. 我是否有真正傾聽員工闡述自己的意見？

5. 在評價員工的績效表現時，我是否使用了「非常糟糕」、「差勁」等極端詞語？

6. 如果進行下一次考績面談，我是否有需要改善的地方？

7. 當我對員工的觀點感到不滿時，我是否克服了自己的情緒？

8. 此次商談，我是否達到了自己的目的？

9. 當我和員工對某些考績結果有異議時，我是否有充分的理由或證據說服他？

10. 此次對談，我是否為員工提供了指導性建議？

11. 此次面談，員工是否充分發表了自己的意見？

12. 商談結束時，員工是否對未來充滿信心？

13. 我對此次對談過程是否感到滿意？

14. 透過此次面談，我是否和員工增加了彼此間的了解和認識？

兩大法則簡化面談業務量

績效面談考驗著 HR 的溝通管理技巧，如果只是簡單說，是無法達到好效果的。人資可以利用以下兩種管理法則來執行考績回饋商談，這樣能夠使工作變得簡單、容易操作。

（1）BEST 法則

BEST 法則又稱為剎車原理，是績效管理中非常有用的一種回饋，HR可以依照BEST法則的相關程序來進行面談。

B 描述行為（Behavior description），即描述第一步應該先做什麼事；E 表達後果（Express consequence），表述做這件事的後果是什麼；S 徵求意見（Solicit input），即詢問員工覺得應該怎樣改進，引導其回答，並說出自己的想法；T 著眼未來（Talk about positive outcomes），用肯定和支持收尾，也就是說，人資對於員工的看法和建議表示支持並予以鼓勵。

××貿易公司市場部的王××總是在拓展客戶方面不達標準，導致流失了一些重要客戶。經過一個考核週期，人事分析了其考績，並對其進行了績效回饋面談。

HR：「王××，根據你上個月的考績來看，你的客戶簽約量遠低於正常基準。你的其他工作像是商品分類、調撥等都做得很好，唯獨客戶簽約量嚴重不足。」（B）

王：「我自己也感覺到了，被這方面拖了後腿。」

HR：「拓展客戶是你最重要的工作，若你沒有達標，會影響整個部門業績，更會影響公司的市場拓展進度，有可能加速流失客戶。」（E）

王：「我非常抱歉。」

HR：「你要知道公司沒有一味指責你的意思，只是希望你能在今後的工作中努力改正，你有沒有任何想法？準備如何改進？」（S）

王：「我準備按地區來拓展客戶，篩選一些新客戶，然後多與其溝通，並制定溝通方向和時間表，爭取能有所改變。」

HR：「嗯，你想法很不錯，很有規畫性，可以好好實施下去，如果你需要幫助也請提出來，我們會盡力給予支持。」（T）

BEST 法則的重點在於傾聽員工想法，人資主要是指出重大缺失，並向對方陳述該問題所帶來的後果，同時詢問對方如何改進，讓員工盡情抒發自己的想法、意見和改善計畫，最後汲予鼓勵。

（2）漢堡原理

漢堡原理（Hamburger Approach），是指在績效面談時，按照**鼓勵→指出問題→肯定支援**的步驟，先表揚成就，給予真心鼓勵，然後提出需要改進的行為，最後表示肯定和支持。

HR：「李××，根據上一個考核週期的成績來看，你在產品方案設計、產品最終問世和賣場活動策劃上都有不錯的表現，每一項工作都拿到了高分，非常值得讚許。」（鼓勵）

李：「嗯，好的。」

HR：「你一共設計了四個夏季系列產品，最終敲定了兩個，並在各大賣場安排了新活動，這對公司未來的營運目標有非常大的助力，你的直屬主管對你的表現非常滿意。」（鼓勵）

李：「謝謝，我也只是做好自己的工作。」

HR：「當然，好的地方要繼續保持下去，不足之處還須多改進，在你的考績評估表中，有一些地方做得還稍嫌不足，比如宣傳部分。」（指出問題）

李：「嗯。」

HR：「由於近期公司在進行夏季新品發布，因此比較重視宣傳。我理解可能你的工作太忙，所以無暇顧及相關專案事宜，但是還是希望你能給出有效的宣傳方案，而不是讓幾個部屬隨便做一些無用的宣傳工作。」（指出問題）

李：「這個我知道，是我之前有所疏忽，導致出現宣傳上的漏洞，我會馬上改進。」

HR：「是嗎？那你已經有宣傳方案或者具體計畫了嗎？不如說說你的想法。」

李：「我覺得宣傳應該從各大賣場入手，實體與網路相互配合，舉辦抽獎或比賽活動，並配合今年『閃耀夏季』的主題。」

HR：「你的宣傳方案非常完善，或者你有沒有想過透過各大社群媒體來推廣？」（肯定支持）

李：「社群媒體……嗯，通過社群媒體的擴散率，的確可以使我們的新品被人熟知。」

HR：「也許你可以做一個完整的宣傳方案，提交給主管，接著就能立即跟進夏季宣傳工作。不得不說，你的工作能力非常強，每件事都安排得井井有條，而且能迅速改進自己的不足。」（肯定支持）

　　漢堡原理的重點在於鼓勵與找出問題的平衡點，人事專員要懂得鼓勵員工，也要懂得如何指出員工的錯誤。然而，指出問題並不是為了抓住錯處不放，而是在鼓勵中解決一些工作事項。

第6章

跨部門溝通，
公司再小都需要

由於各部門的職能不同，員工間的立場
也不同，交流起來會產生巨大的障礙，
只有突破這些困境，才能順利溝通。

01 不要賣弄行話，
用對方聽得懂的術語

　　由於各部門的工作不同、人員交流不多，所以在無形間產生了溝通障礙。HR 若要想順利開展各部門間的溝通，就須掌握內部的各種交流問題，這樣才好對症下藥。常見的企業各部門間的溝通問題如下：

・溝通途徑很少

　　溝通並不會平白無故自行產生，需要有人創造交流的途徑或管道，對企業來說，由於每個部門的分工都很明確，所以溝通管道有限。這樣一來，就容易造成資訊不對等，且引起誤會。

・規模不斷加大

　　企業內不僅有部門間的分隔，還有不同崗位、層級間的隔閡，公司內有高層主管、中階負責人、低層員工，溝通本來就不易。隨著企業規模不斷擴大，各部門與高層間的代溝就越來越大，交流上也更加困難。

　　企業內部層級越豐富，溝通管道也逐漸拉長，這些將直接影響

溝通效率。例如，有的公司為了擴展規模，成立很多市場部，結果發生了互相爭搶客戶、爭奪市場的情況，導致公司利益受損。如果可以多加溝通，一定能夠避免發生這樣的事。

・資訊傳遞不順暢

資訊在傳遞的過程中容易發生質變，這是因為環節過多，或是時間受限。為了保證各部門能有效傳遞，HR 要解決好資訊受損問題。

・部門之間工作職責不明確

部門間的溝通交流，一般會讓專門的人員來負責，但由於沒有工作要求和工作分配，所以完成效率非常低下，很難說清楚該做什麼、什麼時候做完，以及達到什麼樣的標準。因此，企業應該做好交流的詳細規定，並確定相關負責人。

除了以上四點外，企業內部還有可能會出現溝通效率低落的癥結點。人資要注意調整各個面向，建立系統性、具體的解決方法。面對諸多問題，人事專員有三種協調方式（參見下頁圖表 6-1）。

工作輪調，了解各部門運作

工作輪調（job rotating）是企業透過設置完善的制度，讓職員有計畫、有期限的輪調，並擔任若干種不同崗位工作。這樣做有很

▶▶ 圖表 6-1　部門溝通問題的協調方式

協調方式	具體內容
無邊界溝通	各部門之間的天然邊界是造成溝通障礙的重要因素，為了讓部門間的溝通更加順暢，企業可以開闢一條溝通管道，就像工廠流水線，有任何工作上的問題，都可以直接透過該管道尋求幫助，就像沒有任何邊界一樣。
制度化溝通	在面對不同層級的交流，公司可以針對不同的層級關係設立不同的責權劃分制度，透過制度保證各自的溝通。例如，企業高層與職能部門間可以透過分權化、責任中心制來加強聯繫；而上下級之間可以透過分層負責制，來加強相互交流。
網路溝通	改變交流方式也許可以為內部交流帶來一線生機，尤其是互聯網發展之後，藉由高效、快捷和智慧的網路社群媒體，能夠解決很多溝通問題，並提高效率。

多考量，首先，可以提高員工的適應性和綜合工作能力，其次可以培養員工的換位思考意識，有利於各部門的交流。

　　現在很多大型的高科技公司都會實行工作輪調，包括華為（HUAWEI）、西門子（SIEMENS）、愛立信（Telefonaktiebolaget L. M. Ericsson）、柯達（Kodak）、海爾（Haier）、北電網路（Nortel Networks）、聯想（Lenovo）和明基電通（BenQ）等，說明工作輪調有其可取之處。從加強部門間的溝通來看，一方面員工能了解同事間的工作內容，也能理解對方的難處，另一方面輪調崗位可以在其他部門建立自己的人際關係網，溝通起來會更加方便。

　　不過，在實行工作輪調制度時，可能會因為操作不當，或認識不夠，而產生以下盲點。

‧盲點一：工作輪調之於高層主管

　　一般來說，**工作輪調主要是中階管理人員和基層人員**，他們才能對其他職位有更深入的理解。如果工作輪調的人員為高層主管，不僅不能加深各部門的溝通，反而會帶來負面影響，例如：工作效率降低、團隊凝聚力減弱等。

‧盲點二：程序混亂

　　工作輪調很複雜，會涉及不同部門，所以要按照嚴格的程序執行，一般而言，若員工要進行職位上的輪調，須經過一定的 SOP，如下頁圖表 6-2。

　　不過實際實行工作輪調時，可能會出現以下混亂。第一，員工是否適應其更換職位，因為人資部並沒有事先了解，或是與職員面談。第二，調入部門的主管與員工沒有為新加入的成員介紹工作職責和崗位培訓。第三，員工在調職前沒有做好交接，導致原部門的負擔加劇。

　　因此，為了減少混亂，人資部應該做好輪調的相關制度，並保證實施效果。

▶▶ 圖表 6-2　工作輪調流程圖

由員工本人提出調職申請,並交由所在部門主管審批。

部門主管審批後,由人力資源部對申請調職者進行工作崗位適應性的面談和了解。

人資部初步判斷適合的新職位要求後,與調入部門主管協調。

達成一致協商後,由調入部門主管與調職者溝通崗位職責和工作目標。

調職者在規定期限內交接工作。

工作移交完成後,人力資源部發出調動通知。

・盲點三:頻繁輪調

員工需要時間熟悉工作崗位,即使是輪調職位,也要考慮週期性。一般來說,員工從熟悉、認識一個崗位,再到做出成績,至少需要半年以上。因此,企業在制定工作輪調制度時,最好要求員工應在同一個職位任職一年以上。

・盲點四：沒有進行崗位評估

工作輪調時，容易忽略的就是職員並非所有的職位都可以勝任。企業須考慮到有些員工調職後可能無法適應，因此有必要評估、考察，對於在考核期內無法適應該工作崗位的職員，應調回原職，以減少企業損失。

跨部門溝通常見的三種問題

企業的各部門間，因為要完成工作，會產生一些跨部門溝通，但不免會出現一些問題，下面來看看常見的問題有哪些。

分歧型問題。跨部門交流容易產生意見分歧，由於雙方的工作職責不一樣，因此意見也會不同。比如，行銷部希望能得到更多的資金來推廣市場，而財務部卻覺得應該控制經營成本、保持穩定性，但這樣會給業務拓展帶來負面影響；設計部總是希望自己的產品完美無缺，所以希望能夠用最新、最好的相關工具和設備，而後勤部則認為不必追求最新設備，只要夠用就好。

回避型問題。如果部門之間的某些工作環節出現問題後，雙方出於某種考量（如不願承擔責任、害怕部門利益受損等）都選擇回避，並裝作沒有注意到，會導致公司的工作效率低下，長此以往，企業的發展一定會受傷害。

矛盾衝突型問題。這類問題比較嚴重，如果不及時解決，日後一定會爆發，影響公司的凝聚力。

跨部門溝通需要考量公司利益

　　每個企業都會發生跨部門的溝通障礙，如果置之不理，只會加重工作負擔，且影響績效。要做好之間的交流，需要各部門共同努力，並清楚了解以下三大要點。

　　・輸入全域觀

　　部門不同，員工的利益就不同。很多時候為了各自的效益，會互相推諉。企業內部應該灌輸一種全域觀，尤其是各部門主管的大局觀非常重要，這會直接影響員工的行為。

　　所謂全域觀就是一種多角度思考，不僅站在自己的立場上考慮問題，還能為公司的整體利益著想。只有在這種思維下，部門間的交流才能有所突破。

　　・溝通方式很重要

　　如何使跨部門溝通變得更有效率和效果，選擇合適的交流形式很重要，不同的溝通地點所得到的結果也不一樣。比如，可以在辦公室，或在餐廳、茶水間等，各有不同效果。

　　一般來說，緊急事項當然要面對面談，並且在正式場合上提出。溝通一般的工作流程，可採用電子郵件或社群軟體，方便記錄相關事項。

．主管支持

為了更有效的推進工作，合作部門須多加聯絡，尤其是管理者之間應該主動表示互相支持的態度，這樣員工才會積極行動。一些部門主管會組織聯誼活動，以保證這段期間的工作默契。

要說對方聽得懂的話

跨部門溝通對於企業內的每個部門都是挑戰，無論是員工、管理者，或是溝通最為頻繁的 HR，在面對可能出現的各種交流問題時，唯有掌握常見的注意事項，才能做好跨部門溝通。

．做足準備工作

與人溝通的第一件事就是表明主題和內容，在與同事討論工作問題時，一定要羅列出基本的業務事項。對人資來說，交流前的準備工作是做好該職位的基本功，可以按照以下四個問題來思考。

1. 你需要對方做什麼工作？
2. 你覺得自己需要為對方做哪些工作？
3. 若對方拒絕，你有沒有其他的替代計畫？
4. 如果雙方溝通失敗，各有什麼損失？或對工作有何影響？

·熟悉部門語言

部門的專案不同，經常使用的業務語言也有所不同，就像財務部會使用財務術語，在與其部門人員溝通時當然要有所認識，不然可能會曲解對方的意思。下列圖表 6-3 統整出各部門的基礎業務術語。

▶▶ 圖表 6-3　基礎部門的業務術語

部門分類	業務術語
財務部	·營業外支出（Non-operating Expenses，又稱營業外費用）：是指除了主營業務成本和其他業務支出等以外的各項非營業性支出。例如，罰款支出（Amercement Outlay）、捐贈支出（Donation Outlay）、非常損失等。 ·折舊（Depreciation）：企業在生產經營過程中使用固定資產（fixed asset）而使其損耗，導致價值減少僅餘一定殘值，其原值與殘值之差在其使用年限內分攤的固定資產耗費是固定資產的折舊。 ·預收帳款（Accounts Received in Advance）：是指企業向購貨方預收的帳款，稅法規定課稅對象中免予徵稅的數額。 ·低值易耗品（Low-value consumption goods）：指的是單項價值在規定限額以下並且使用期限不滿一年，能多次使用而基本保持其實物形態的勞動資料。 ·攤銷（Amortization）：指除了固定資產以外，其他可以長期使用的經營性資產，按照其使用年限每年分攤購置成本的會計處理辦法。

（接下頁）

部門分類	業務術語
財務部	・長期待攤費用（long-term deferred expenses）：是帳戶用於核算企業已經支出，但攤銷期限在一年以上（不含一年）的各項費用，包含固定資產修理（Fixed assets repair）、租入固定資產（Fixed assets under operating lease）的改良支出等。 ・營業外收入（Non-operating Revenue）：指與生產經營過程無直接關係，應列入當期利潤的收入，例如：沒收包裝物押金收入、職員欠款、罰款淨收入等。
生產部	・防呆：為了避免使用者的操作失誤，造成機器或人身傷害，會有針對這些可能發生的情況來做預防措施。 ・量產（Mass production）：即批量生產，指的是某種物品在經過一系列的測試後，通過必要的規格審定，同時大批量生產該物品，以備需求之使用。 ・標準工時（Standard Working How）：是指在標準工作環境下，進行一道加工程序所需的工時。 ・寬放時間（Allowance Time）：指在生產過程中，進行非純作業所消耗的附加時間，以及補償某些影響作業的時間。 ・快速換模（Quick Die Change）：是將模具產品的換模時間、生產啟動時間或調整時間等，盡可能減少的一種改進方法。 ・在製品（Work In Process，簡稱 WIP，又稱半成品）：是工業企業正在加工生產，但尚未製造完成的產品。
人力資源部	・薪資總額：指的是企業在一定時間內，支付給職員的勞動報酬總額。

（接下頁）

部門分類	業務術語
人力資源部	‧人事成本：指企業在生產經營中，由投入勞動力要素所發生的一切費用，包括企業支付給員工的薪水報酬和相關福利措施，是企業總成本的一部分。 ‧職業性向：是指一個人所具有的有利於其在某一職業方面成功的素質的總和。 ‧基本工資標準：指的是勞工在法定工作時間內，或依法簽訂的勞動契約工時內，提供了正常勞動的前提下，用人單位依法應支付的最低勞動報酬。 ‧競業禁止條款（Non-compete clause）：是指用人單位和知悉該單位商業祕密，或者其他對經營有重大影響的勞工，在終止或解除勞動契約後的一定期限內，不得在生產同類產品、經營同類業務，或是在有其他競爭關係的用人單位任職，也不得自己生產與原單位有競爭關係的同類產品或經營同類業務。 ‧職業資格證書：是表明勞動者具有從事某一職業所必備的學識和技能的證明。
銷售部	‧銷售報價（sales quotation）：公司根據客戶、業務類型、產品數量、交貨方式、交貨期等，做出的價格許諾。 ‧銷售訂單（sales order）：指的是企業與客戶之間簽訂的一種銷售協定。 ‧客戶管理：深入分析客戶的詳細資料，來提高顧客滿意程度，進而提高企業的競爭力。 ‧客戶信用調查：透過對客戶信用狀況進行調查分析，從而判斷應收款項成為壞帳（bad debts，又稱呆帳）的可能性，也為防範壞帳提供決策依據。

・切忌欺瞞

溝通的鐵則就是真誠，如果為了自己部門的利益，而對合作部門有所隱瞞、欺騙，則會破壞彼此的關係，關係一旦破裂就很難修復。因此在交流時，應該告知對方必須知道的重要資訊，這樣更能卸下對方的防備心，提高合作的熱情。

・堅定立場

雖然要互相理解，但對於自己部門的利益和業務要堅定立場，不能一味遷就對方，影響工作效率。在傾聽對方意見時，更要掌握發表意見的技巧。尤其對人事專員來說，在與各部門員工交流時，態度要溫和、立場要堅定。

・對事不對人

部門間的溝通，如果稍有不慎，就會陷入相互爭吵當中。一定要圍繞在工作的具體事項上，而不是將主題越扯越遠。因此，控制談話的主題和內容，是每個身處職場的人都必須掌握的技巧。

・提供多種選擇

部門協商不是一件容易的事，雖然不會像商業談判一樣，各自為營，但是，如果想要順利協商，就不要過分執著某些工作分配。多一種計畫，就多一種協商方向，可以針對一個待討論的問題，準備三個左右的方案。

·找到共同目標

部門間的合作可能會有競爭性，為了發揮更好的溝通效果，找到共同目標很重要，這樣即使出現爭執也能解決問題。在交流過程中，需要想清楚以下三個問題。第一，部門的共同目標是什麼？第二，合作中有哪些阻礙？第三，需要哪些資源？

·適當幽默協商

幽默感是人與人交流的一把利器，適度幽默可以化解尷尬和僵局，這比帶著負面情緒交流有利多了，但要注意尺度，千萬不要開以下玩笑。第一，不談同事的家庭情況；第二，不能人身攻擊；第三，不談論企業敏感話題，或是同事間的私事；第四，尊重女性同事，不開低俗玩笑或是物化女性。

·完善溝通過程

溝通完畢後，傳遞交流結果也非常重要。讓同部門的同事清楚相關資訊，以便順利展開工作。

完善各部門職責，達成有效溝通

部門間的溝通出現互相推諉、互相扯皮，除了是員工的協商技巧有問題，還有企業管理制度的問題——部門間職責不清。如果公司存在這樣的問題，HR 應該做好各部門的職務說明書和工作說明

書，只有劃分清楚部門職能與員工個人責任，才能有效溝通。

　　當然，要完善各部門職責，需要人資部和各部門相互配合，並從以下三大問題著手。第一，明確知曉部門主要職責是什麼？做什麼的？第二，確認部門要完成主要職分須有哪些職員？有多少人？第三，了解相互協調的部門職能是什麼？公司的主要業務流程是什麼？各部門在業務流程上發揮什麼樣的作用？

　　完備各部門職責後，人力資源部要針對相關制度，統整並製作職務說明書，方便各部門使用和查看，下列圖表 6-4 是某公司行銷部的職務說明書。

▶▶ 圖表 6-4　部門職務說明書

基本資訊	部門名稱	行銷部	職位編制	9 人
	直屬主管	行銷副總經	部門崗位	行銷部部長／副部長、內／外銷業務員、內勤員
職能概要	全面負責公司的行銷管理工作，擬訂、宣傳與執行行銷管理制度、各類計畫及銷售政策，開展市場調查、客戶管理、銷售過程管理、銷售培訓等的工作，以實現公司的行銷目標。			
組織結構	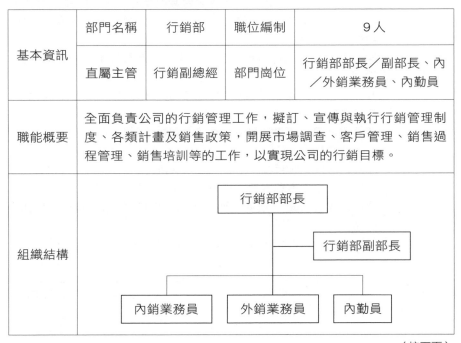			

（接下頁）

主要職能	一、基礎管理
	1.資訊檔案：建立健全並妥善保管各項行銷管理檔案，如訂單／契約檔案、客戶檔案、銷售報表檔案、品質回饋檔案以及行業／競爭對手動態檔案。
	2.制度管理：擬訂、宣傳與執行行銷管理制度（行銷管理流程、部門職能、工作職責和行銷人員差旅管理訂單／契約管理、客戶管理等制度）。
	二、業務管理
	1.市場調查：同業市場／競爭對手動態資訊（技術、產品、價格等）的收集與調查、分析與報告。
	2.制定計畫：參與公司中長期發展規畫中行銷規畫的編制，擬訂、執行年／季／月／周行銷計畫以及具體行銷方案。
	3.銷售過程管理
	①市場需求意向跟進，組織進行產品銷售報價、樣品提供／產品技術參數／生產週期溝通協調等簽約前準備工作。
	②銷售訂單／契約的擬訂、評／會審與簽訂、傳遞與歸檔。
	③各期訂單需求計畫／緊急插單／訂單變更的擬訂、報批、傳遞與執行。
	④訂單／契約生產執行過程中，交期／參數異常的客戶溝通與協調。
	⑤訂單／契約產品發貨前的客戶溝通、階段進度款落實與內部發貨通知／發貨進度跟進。
	⑥訂單／契約貨款的對帳、結算與票據傳遞。
	4.客戶管理
	①意向客戶／客戶檔案的定期更新與維護。
	②客戶重要程度與客戶信用等級的劃分／確定工作。
	③客戶暫存財產（技術文件、樣品／模具等）的登記、傳遞與返還。
	④客戶投訴處理的組織協調與定期客服溝通。

（接下頁）

主要職能	5.人員培訓 ①人員上工初期的相關管理制度、業務技能的內部培訓。 ②在職人員專業知識／技能提高培訓的申請與執行。 6.總結匯報：定期記錄與統計、分析與總結、傳遞與上報行銷資料。 三、人力資源管理 1.參與本部門人員招募面試工作，並提出意見。 2.本部門人員的工作分配與日常評價／考核工作。 四、主管交辦的臨時任務。
部門考核指標	依據公司月度經營目標管控計畫中的相關指標確定。

簡化組織機構，利於各部門交涉

　　某大型製造公司有勞工 10 萬名，其中有 1 萬名主管級員工，有百名總經理級別的職員，有 30 名副總級的員工，而從生產、加工再到企業高級管理層一共有 10 個管理層級。這對一個企業來說，當然有好的一面，職員被相關的管理者監督著，似乎在執行專案上會很快速、便捷。

　　但在實際工作中，無論是員工上報意見，還是領導階層下發指令，都要通過層層關卡，時間的耗損直接影響了工作效率和營業利潤。在跨部門溝通中，層級劃分太過複雜，導致工作職責不明確，很難及時且有效的合作。

　　藉由上述例子我們可以知道，組織層級會直接影響員工和部門

間的溝通。企業都有固定的結構，而從部門間的交流和對接來看，過多組織部門會加劇協商難度，因此減少一些不合理的層級，像是扁平化組織（Flat organization，又稱橫向組織）結構，能夠降低跨部門協調的成本。

小型企業在簡化組織結構時，只須裁撤多餘的部門和職位即可。對於產業和營運方向較多、人員數量也多的大型企業，要從組織的經營特點出發，先設計橫向，再設計縱向結構。右頁圖表 6-5 為某公司的組織結構。

圖表 6-5 的組織層級是：總經理→副總經理→各部門主管→各部門，有基本四層。但如果稍做改變並簡化，就更方便管理和溝通（參考右頁圖表 6-6）。

圖表 6-6 裁掉了副總經理，由總經理直接管理財務部、人資部以及產品副總經理，再由產品副總經理管理下面各個生產相關部門，大大簡化了管理層，且依據企業的經營方向進行了分類。

在進行扁平化管理（Flat Management）時，人力資源部需注意以下變化：

1. 企業的基本職能部門，如行政部、人資部和財務部等，都可以集中管理，這些部門的營運沒有太大的變化，不會占用太多管理成本，也能為其他部門提供支援。

2. 對於生產、設計等部門，最好有統一的管理人員（參見右頁圖表 6-6），與生產產品有關的採購、生產、銷售部門都由產品副總

▶▶ **圖表 6-5　某企業的組織結構**

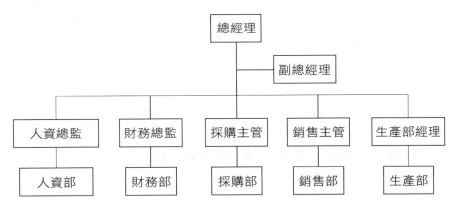

▶▶ **圖表 6-6　簡化後的組織結構**

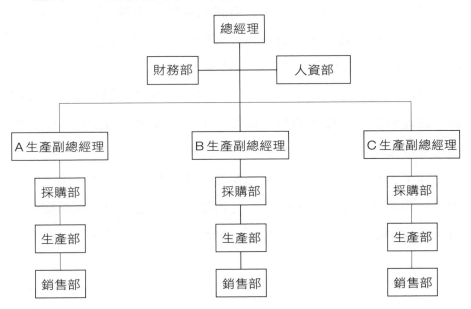

經理管理，便於交接和交流。

3. 集中管理職能部門時，要懂得放權，有利於開展後續業務。

4. 最重要的是控制管理人員的人數，這樣既減少人力成本，又有利於交流。

資訊化溝通系統，各部門高效互換資訊

要想提高企業內部的交流效率，就必須要建立資訊化溝通系統，而一般來說以管理資訊系統（Management Information System，簡稱 MIS）的應用為主。

管理資訊系統是一個以人為首，利用電腦硬體、軟體、網路通訊設備以及其他辦公設備，進行資訊的收集、傳輸、加工、儲存、更新、拓展和維護。企業透過建立管理資訊系統，就能實現各部門的資訊互換，減少溝通成本，提高效率。

管理資訊系統應當具備四種主要服務——**確定資訊需要、搜集資訊、處理資訊以及使用資訊**。現在，很多企業會直接讓專業的技術公司來幫忙建立管理資訊系統。

除了服務外包以外，企業想要進行資訊化工作，須從兩方面著手，一是建立資訊管理系統；二是管理互聯網化，利用互聯網打破資訊傳遞的障礙。具體要從哪幾個部分去做？參考右頁圖表6-7。

圖表 6-7　資訊管理的四個面向

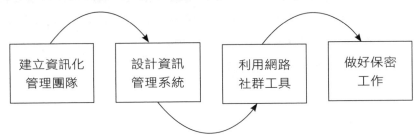

| 建立資訊化
管理團隊 | 設計資訊
管理系統 | 利用網路
社群工具 | 做好保密
工作 |

　　根據上述圖表 6-7 所列的四個面向，來看看該如何實際操作。

　　建立資訊化管理團隊。首先應該組織相關人員，除了人力資源部的專員外，也應該加入一些必要的技術人員，如系統工程師、網路系統管理員等。這樣一來，才能了解管理方向、必備工具等，並按照步驟分配任務。

　　設計資訊管理系統。不同的公司有不同的資訊管理系統，很多企業甚至有自己的一套。從公司的主要業務入手，並連接工作流程中的重要環節，實現資訊化傳遞，提高效率。

　　利用網路社群工具。企業溝通，應該儘早實現互聯網化，有很多網路社群工具可供選擇，像是 LINE 群組、企業辦公 App 等。

　　做好保密工作。資訊化對跨部門溝通雖然有利，但是如果沒有相關保密措施，容易洩露企業機密，給公司帶來不可預知的損失。資訊在企業內部流通的同時，也有可能外泄，甚至被競爭企業取得。另外，人資部還要考慮員工離職可能會洩露公司資訊，如客戶資源、專業技術資料等。

知識延伸　企業文化對跨部門溝通很重要

　　企業文化代表公司的一切，包括人際關係、管理方式以及內在環境等。如果想要讓企業內部溝通順暢，那麼提倡開放、民主的溝通環境就是不可或缺的事，也是實現溝通無障礙的基石。

02 網路軟體也能高效溝通

　　網路社交軟體在今時今日不僅僅應用在私人交往中，在企業的內部溝通中，同樣可以充分利用網路來增加交流機會、提高交流效率。常見的網路交流工具有：

（1）LINE 群組

　　LINE 群組是由 Z 控股公司旗下 LINE 株式會社所開發的即時通訊平臺，具有與 LINE 一致的溝通體驗。目前 LINE 群組已覆蓋零售、教育、金融、製造業和醫療院所等多個行業，為何現在很多商家使用該軟體？主要因其有下頁圖表 6-8 所示的功能。

　　圖表 6-8 所述的功能，對於企業內部的溝通提供了很大幫助，我們應該怎麼具體操作？

　　首先下載並打開 LINE App，登錄帳號密碼，並填寫好相關資訊後，即可進入消息介面。操作步驟如下：第一，依序點選「聊天」＞建立聊天室的圖示＞「群組」；第二，選擇希望加入群組的好友後，點選「下一步」；第三，輸入希望使用的群組名稱後，點選「建立」。利用這些功能，人資可以減少很多跨部門溝通的困擾。

▶▶ 圖表 6-8　LINE 群組的功能

功能	具體內容
高效溝通	發出消息後可知對方已讀或未讀，溝通更高效。
日程	可快速向同事發起日程邀約、將聊天中的工作添加為日程，並統一管理自己的工作安排。
會議	可隨時隨地發起和參與語音、視訊會議，並為主持人提供管理功能。發言時還可演示文檔或電腦螢幕，支援即時標注演示內容。
可管理的群聊	可設置僅群組管理員可管理的群聊，發布群組公告，並支援發起 499 人群聊。

＊資料來源：LINE 官方網站。

結合正式與非正式溝通管道，解決公司內部問題

　　對於企業組織來說，溝通管道是資訊載體，一般可分為正式或非正式。下面來詳細說明這兩種溝通管道。

　　正式溝通：指在組織系統內，依據一定的組織原則傳遞與交流資訊。例如：傳達文件、召開會議、上下級之間的定期匯報等。

　　非正式溝通：指的是正式溝通管道以外的資訊交流和傳遞，以及相互回饋，是達成雙方利益和目的一種方式。它不受組織監督，且可以自由選擇要用何種溝通手段，如同事私下交換看法。

正式溝通管道與非正式溝通管道都各有優缺點，具體內容參見圖表 6-9。

▶▶ 圖表 6-9　兩種溝通管道的優缺點

溝通管道	優點	缺點
正式溝通	溝通效果好、比較嚴肅、約束力強、易於保密，可以使資訊溝通保持權威性；一般來說，重要的資訊傳達都採用這種方式。	由於依靠組織系統層層傳遞，所以較為刻板，且溝通速度慢。
非正式溝通	溝通形式多樣、直接明白、速度快，容易及時了解到正式溝通難以提供的資訊；能夠使其發揮作用的基礎在於——企業內部良好的人際關係。	很難控制、資訊傳遞不確切，易失真、曲解，且容易導致出現小團體，影響凝聚力。

在互聯網不斷發展的今天，企業內部的很多溝通都逐漸傾向非正式，因為這樣的交流壓力較小，也易於接受。尤其是平輩之間，透過網路等溝通已成為最主要的形式。

而對企業而言，正式與非正式溝通都很重要，努力結合並做好兩種方式，是 HR 必做的關鍵工作。比如微軟公司（Microsoft）將電子郵件作為重要溝通管道，藉由網路讓大家可以公開交流，這種既正式又非正式的新型溝通方法，解決很多內部問題。

以前只有向下，現在要能向上和平級溝通

按照溝通資訊的流向，可分為：**向上溝通、向下溝通和平級溝通**。以下讓我們一起來了解一下這些交流管道。

向上溝通：指企業員工和基層管理人員以一定的管道與企業管理階層進行資訊交流。這種溝通方式，有兩種常見的表現形式：一是層層傳遞，即按照企業內部的規章制度和組織結構逐步往上；二是越級傳遞，減少層級，直接向管理階層反映。

向下溝通：是指企業管理階層下達各種命令及任務給下級員工，例如：工作指示、工作內容描述、公司內部規章及通告等、員工績效、公司活動。

平級溝通：指的是在企業內部職位層級相當的個人及團隊之間，所進行的資訊傳遞和交流。平級溝通可分為四種類型。第一，管理層級與工會間；第二，高階管理人員之間；第三，企業內各部門間、中階管理人員間；第四，一般員工之間。

向上溝通、向下溝通和平級溝通各有優劣，具體內容參見右頁圖表6-10。

知識延伸　比較向下溝通與向上溝通

向下溝通較向上溝通容易，可選擇的方式也很多，如公告、郵件等。而向上溝通需要主管階層和人力資源部的配合，建立好相關制度，讓員工可以按制度來交流。傳統的管理方式多是向下溝通，不過對現代企業來說，為了科學化管理，一定要兩者並用，完成資訊回饋迴圈，解決工作問題。

▶▶ 圖表 6-10　三種溝通管道的優缺點

溝通管道	優點	缺點
向上溝通	1. 能夠傳遞員工的意見和建議，對公司的管理有好處。 2. 方便管理者了解員工的想法和企業的經營狀況。 3. 有利於提高自己的管理能力，並與部屬有很好的溝通氛圍。	1. 由於職位層級存在差距，所以溝通時會有心理障礙。 2. 下級員工可能會存在隱憂，即溝通的後果──是否會受到批評和處罰。 3. 效率不彰，尤其是層層傳遞，在過程中可能會導致資訊的曲解，影響工作的效果，並帶給企業一些損失。
向下溝通	1. 能讓員工及時理解主管的意圖，方便工作開展。 2. 能增強員工對其部門的歸屬感。 3. 可對組織和部門內部層級進行協調。	1. 如果向下溝通的管道過多，會影響正常工作，給下級造成許多困擾。 2. 容易給部屬高高在上的印象，影響員工的合作。 3. 對於管理階層的資訊傳達可能會不及時，容易出現工作任務延遲、擱置的情況。
平級溝通	1. 可簡化工作流程、手續，並提高工作效率。 2. 可加深企業各部門間的認識，培養之間的友好關係。 3. 改善企業的社交氛圍，提高員工的工作熱情度。	1. 頻繁且信息量大，易造成資訊堆積、混亂。 2. 會變得不正式，成為小道消息的傳播管道，影響工作資訊的傳遞，在企業內部形成歪風。 3. 負面資訊也會通過此途徑傳遞，進而影響員工的工作進度。

第 **7** 章

解僱是老闆的決定，
卻是直屬主管扮黑臉

解僱雖是企業的決定，卻需要人事專員
與員工面談，確保對方不會帶著抱怨和
不滿離開公司。

01 「被離職」的情緒，
主管要學會感同身受

企業開除員工是經常發生的一項管理行為，為了能減少損失，一般企業都會進行辭退面談，這也是人資的基本工作。

若要做好解僱面談，就需要掌握一些基本功，首先，要清楚對談的基本思路，並按照該概念做好準備。

先選定解僱面談的主導人及地點

HR 首先要決定主導人和地點，具體應該如何操作？請大家看以下內容。

（1）確定解僱面談主導人

人力資源部有不同崗位層級的員工：人資總監、人資經理、徵才主管、培訓主管、員工關係管理人和人事專員等，然而由誰擔任「炒魷魚劊子手」比較合適？

為了好好解決解僱面談中的紛爭，人力資源部應該好好安排對談主導人，既不能由人資部獨自處理，也不能將全部責任推到其他

部門。由於炒魷魚不同於應徵，是一件非常棘手的事，如果不能順利完成，既不能讓員工滿意，又會讓公司承擔損失。

因此，最好由人資部和被開除人的部門共同進行面談，因為被解僱人與該部門的管理者更為熟悉，同時，部門主管對職員的工作能力、績效成績和人際關係也更加理解，交流起來會更順暢。

為了不讓員工產生抵觸心態，最好先由部門高層與其交談，獲得對方心理上的認同，讓其更易接受被炒魷魚的事實。而人力資源部的人員也應一同在場，且最好是主管級而不是普通人資專員。

而人資部主管為何要與直屬部門主管一起出現，主要有以下三點。第一，人力資源部是代表企業，需要見證整個過程，並做好記錄，這樣資訊才不會與實際有出入。第二，若直屬部門管理者在解僱面談中有任何不足或不妥之處，人資部主管須及時補充說明，並協助完成開除工作。第三，面談出現僵局或是現場氣氛變得緊張時，人力資源部高層要負責緩和、調節場面。

（2）敲定面談地點

很多企業都會選用辦公室。誠然，辦公室環境安靜、隱密，適合談話。不過，由於該場所會給人壓迫感，也會加劇員工的緊張情緒，並不是最佳的面談地點。

由於解僱對談的微妙感和複雜性，選擇一個更開闊和平等的地點很重要，比如會議室、會客廳等。開闊的場地，能緩解面談的緊張感，並照顧員工的心理感受；若是封閉式場所，且可有效隔離對

談資訊，保護職員的隱私。

如何防止員工情緒暴走？給安全感和職業規畫

　　解僱對談對於雙方而言的壓力都很大，被炒魷魚的一方可能很難接受這個結果，而面談人員又要防止對方情緒失控，極具挑戰性。

　　對人資來說，可以從了解員工的心理情況入手，找到最適合的交談方式，滿足對方的心理需要。一般來說，**被解僱者會產生兩種心理──自我否定和自我安慰。**

　　自我否定：這類員工的心理很容易受到被開除的影響，開始消極應對，對自己的能力和未來發展產生懷疑，並產生焦慮和困惑的情緒。

　　自我安慰：這類職員的心理承受能力還算不錯，能夠自我安慰並重新規畫自己的職業生涯，希望能有更好的發展。

　　無論是哪種心理類型，HR 都要記住，尊重並滿足對方所需是面談的首要原則，為此可以從兩方面著手，一是心理滿足，二是實際需求。有時候只需要選擇其中一種即可，而更多時候要將兩者結合並用。要讓員工獲得心理滿足，須從以下幾個面向來考慮：

　　安全感。穩定的工作會帶給人安全感，但突然「被離職」一定會讓員工手足無措，人資專員要學會感同身受，盡力開導並穩定其不安情緒，最重要的是，幫助對方找到新的安全感。

　　HR：「雖然一直以來你的工作態度良好，但是，這一年來，你的績效並沒有達標，所以公司做出這個艱難決定，也是經過再三考慮。」

　　李：「可是，我一直都很努力，我覺得自己已經慢慢在適應，我真的不想輕易失去這份工作！」

　　HR：「我能理解你的心情，誰面臨這種情況都會手足無措，不過你也不用太過悲觀，凡事要往積極正向的方面想，也許你並不適合這份工作也說不定？」

　　李：「是嗎？」

　　HR：「人各有所長，你如果能早一點找到自己擅長的職業，對自己以後的發展會更好。」

　　李：「可是我這一年來，剛在這個城市穩定下來，突然離職工作也沒有著落……。」

　　HR：「公司基於這一點，提前30天通知你，讓你可以盡快找工作，另外，我們會根據你的長處和優勢，幫助你找到自己適合的職涯方向，這樣對你以後的發展更好。」

　　李：「那具體我要怎麼做？」

　　HR：「……。」

　　人資可以透過職業評測問卷來幫助員工找到今後的方向，人力資源部需要設計或從網路上下載一份評測問卷，作為面談的輔助資料。如下頁範例所示。

問卷注意事項：1.問卷選項沒有對錯之分，只須選擇你的真實想法即可。2.放鬆自己，選擇更接近你平時感受或行為的選項。

1. 我的性別：

□女　□男。

2. 閒暇時光，我更喜歡：

□看電影、聽音樂、唱卡拉OK、畫漫畫。

□手工製作，如修理電器、做布藝；或做運動，打球、跑步、游泳。

3. ＿＿＿＿的方式更適合我。

□朝九晚五有規律的工作。

□時間上彈性、靈活的工作。

4. ＿＿＿＿讓我覺得更有成就感。

□用我獨創的方法做好一件事情。

□帶領一群人完成我既定的目標。

5. 我更容易對＿＿＿＿感到煩躁、沒有耐心。

□親自動手做事情。

□說服別人幫我去做一件事情。

6. 男／女朋友送了我一臺單眼相機，我會：

□先閱讀使用說明書。

□直接嘗試怎麼拍照。

7. 我更願意做一個：

□手藝師，有一門自己喜歡的專業的手藝，可以以此為生。

□老師，可以教書育人；幫助別人的工作，能給我更大的滿足感。

（接下頁）

8. 我更擅長 _____

□文藝方面的天賦。

□研究分析。

9. 在聚會中，我更願意成為：

□旁觀者，我喜歡觀察別人的語言和行為。

□組織者，我喜歡成為聚會的焦點和中心人物。

10. 在工作中，我覺得：

□做好自己能做的工作最重要；做主管太累，不現實。

□成為公司或項目的領頭人更有意思。

11. 下班之後，我更願意：

□回家，跟親近的人在一起。

□跟一大群朋友聚會。

12. 與言情小說相比，我更喜歡推理小說：□是　□否。

13. 比起考慮那些現實的生活、觸手可及的事物，我更喜歡沉浸在想像的世界中：□是　□否。

14. 我更擅長 _____，覺得其樂無窮。

□思考分析／智力遊戲。

□動手製作／操作。

15. 在工作中，我喜歡 _____

□親自籌畫，不喜歡受到別人太多的干擾。

□經常請示上級主管，以確保工作方向和計畫的合理。

　　自尊心。員工都有自尊心，主動離職與被炒魷魚完全是天壤之別，這代表工作能力被否定，或者不如他人。如果想讓對方接受，非常考驗 HR 的談話技巧，最重要的是，一定要讓職員感覺被尊重。一是多提對方的優點，二是不打擊其不足和缺陷。

　　焦慮感。員工沒有工作，勢必會感到焦慮，難以理性看待問題，也可能會向人資提出不合理的要求，像是索要高額的資遣費。此時，HR 應該給予其最需要的東西，即一份完整的職業規畫。

　　除了心理滿足外，對於職員的實際需求，人事專員也要事先有所準備。辭退員工時，要商議賠償金或薪水結算等事項，爭取讓對方滿意的條件，且不讓公司遭受多餘的損失。實際的物質也能夠給予職員實質安慰，因此不能忽視。

02 不希望發生但得事先預防：
　　勞資糾紛

　　HR 在做解僱面談之前，除了給自己一點心理建設外，還要知道商談的基本流程。一般來說，解僱面談共有四個環節，如下列圖表 7-1 所示。

▶▶ **圖表 7-1　解僱面談基本四步驟**

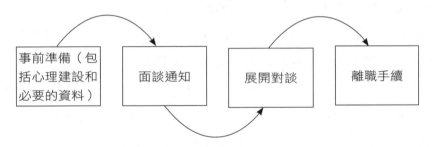

| 事前準備（包括心理建設和必要的資料） | 面談通知 | 展開對談 | 離職手續 |

最佳解僱面談時間：週二或週三

　　人資除了選定地點外，還要規畫商談的具體時間。雖然時間與面談的實際內容沒有必然的關聯性，但是選擇一個有利的時間點，能夠更好推進工作。

　　首先，要在週一至週五，而很多人事人員會選擇週五，但這是

否是一個好的選擇？其實並不然，週五完成解僱面談後，還會有很多後續問題需要處理，必須等到下週，期間可能會出現遺漏。如果尚未談妥，週末的間隔會給職員更多的心理準備，後續對談也更難繼續。所以，**最佳的商談時間應該定在週二或週三**，主要有以下兩個原因。

首先，人資專員若是沒有在一場對談中與員工達成相同意見，就要立即更換商談方式，補充面談資料，並及時展開第二場對談，以免員工對企業的不滿越來越大，情緒無法得到及時舒緩。

再來，為員工個人著想。做完解僱面談後，被開除人就要開始找新工作了，可以在工作日立即開始投遞履歷、尋找合適的職缺，做最實際的事以減小損失和負面情緒。

當 HR 定好面談時間後，就要及時通知對方，而什麼時候通知又是一件考驗技巧的事，先來看看以下事例。

2020 年 2 月 28 日（星期五）17：30，財務部的周××被告知其被開除了，下週二到會議室 301 進行解僱面談。接到通知後，周××心情一下子就跌落谷底，不知道該做什麼。下班後，周××按計畫與朋友聚餐，但一直悶悶不樂。回家後，周××將自己被炒魷魚的事告訴了先生，考慮到孩子剛上小學，家裡每個月還有房貸要還，兩人都憂心忡忡。

整個週末兩天，周××沒有一刻是放鬆的，不僅心中消極負面，而且對公司產生了不滿。等到週一早上，周××已經對解僱面談產生了抵觸情緒，這給 HR 後續的工作帶來了很大的難度。

　　從上述可以看出，週五通知員工非常不妥，不僅沒有任何後續作用，還會影響對方週末放鬆的心情。因此，最好是在週一通知，並盡快開始面談，穩定員工的情緒。

　　而通知職員被炒魷魚也有不同方式，主要有面對面通知、郵件通知和群體通知等三種，各有各的優點和適用情況。具體內容如下列圖表 7-2 所示。

▶▶ 圖表 7-2　通知方式的不同優勢

通知方式	優勢
面對面通知	1. 高效快捷、資訊直達。 2. 避免資訊在傳遞過程中失真、曲解。 3. 正式，有程序性，體現公司人資的專業性。 4. 表達公司對員工的尊重和重視。
郵件通知	1. 解僱資訊準確並保存完好，不會出現爭議。 2. 能夠給予員工一定的空間來接受這件事。 3. 更加流程化。 4. 職員有足夠的時間和空間來進行心理建設。
群體通知	1. 企業在裁員時，群體通知更加適合，且更有效果。 2. 員工更了解具體情況和客觀原因。 3. 對職員的自尊心是一種保護。 4. 可以開誠布公的向員工說明緣由，對方的不滿情緒也會少一些。

> **知識延伸　通知前的準備**
>
> 　　在通知員工面談之前，相關準備不能少。
>
> 　　首先，了解職員的基本資料（包括部門、職位、性格和人際關係等），最重要的是，員工在工作期間的績效情況、工作能力等，要備有完整、正式的檔案文件可供說明。
>
> 　　其次，要整理好員工被炒魷魚的原因、產生的利潤、企業的經營和發展方向等，以便回答問題。
>
> 　　最後，也是最關鍵的一點，HR 要提前熟悉公司有關辭退員工的規章制度和法律條文。

向員工陳述事實最要緊

　　解僱面談是員工在得知自己被開除後的談話，所以人資不用再顧左右而言他，過多的寒暄只會讓對方失去耐性。開始商談後，讓職員放鬆一下心情就可以進入正題，而談話的順序一般是先陳述事實，再說明原因。

　　HR：「周××，你好。我是人力資源部的羅××，你先喝杯水，我們馬上進行談話。」

　　周：「不用了，我現在不渴，您找我聊，是我有什麼地方做得不夠好嗎？」

　　HR：「不是的，你的主管對相當認可你的工作態度，但是公司還是決定解僱你。」（直接通知具體事宜）

周：「噢！」

HR：「非常抱歉要向你通知這件事。」

周：「我覺得我的工作一直都挺順利，為什麼會開除我？」

HR：「雖然你做事還不錯，但是在你的工作領域，生產率下降了 3％，而且產品也出現了細微的品質問題。在過去的三個月裡，我們曾就此問題談過幾次，不過問題依舊沒有解決，我們不得不做出改變。」（用事實說明解僱原因）

周：「我承認可能是我的疏失，可是誰能保證不出錯，這不能成為炒我魷魚的理由吧，而且我已經在不斷改進了。」

HR：「是的，在之前的三個月裡，公司一直根據你的績效情況在培訓你，並調整你的工作狀態，然而這個月的績效報告出來後，你的進步不是很明顯，所以我們不得不決定辭退你。」

在說明具體事實時，人事專員要注意談話的技巧和態度，有以下要點需要注意：

1. 說明解僱事實時不能模棱兩可，要堅定，並向職員傳遞這是不可改變的決定，不要用「你有可能被辭退」這樣的話語。

2. 注意自己的態度和語氣，盡量溫和、沒有攻擊性。

3. 須保持中立，不要太偏向公司，讓員工覺得自己受壓迫。

4. 有同理心，向職員表示抱歉，並站在對方的立場上試著給予幫助，這樣能讓面談工作更加順利。

開解僱面談，以和諧為主

透過下面的案例，我們看到員工和人事人員在還沒有真正開始對話前，就已經有很大的矛盾和情緒，顯然這是一場失敗的面談，雙方沒有針對具體問題深入溝通，並且找尋解決辦法，反而有了爭執。

HR：「你好，你知道自己被開除的原因嗎？」

張：「不知道啊，我覺得自己沒有問題。」

HR：「根據你們部門的回饋，你的工作量每個月都不達標，影響了公司的經營利潤，所以不得不和你解除勞動關係。」

張：「為什麼之前我都不知道，你確定自己沒有搞錯嗎？」

HR：「你先冷靜一下，這是事實，這是你最近的工作紀錄。」

張：「我不想看這些，你們人資部真的很搞笑，我們部門的主管從來沒有提過我的工作問題，你突然來找我面談，有沒有搞錯！」

HR：「不好意思，這是公司的既定流程，我們是按規矩辦事，你的問題也是你所屬部門提交的。」

張：「好啊，既然你說我有問題，那就一條條列出來，讓我心服口服，如果你沒有合理的理由，我要求賠償！」

由於被解僱，職員在心理層面和現實層面都雙雙受到打擊，很有可能出現不理智的行為，對方亦有極大可能產生衝突，此時，人事人員更要冷靜思考與處理問題。主要可從以下幾個部分來操作：

1. 態度溫和，多詢問開放式和引導式的問題，避免情緒衝突。

2. 員工出現過度反應時，應該先傾聽，後沉默應對，不要急著反對，那樣只會讓對方情緒更加激烈。

3. 談話節奏很重要，按照事先設計的交談流程，才能有效對話，而不是情緒性的相互扯皮。

簡單來說，人事專員要做的應該是引導而不是對抗，並且避免在同一個問題上耗費太多時間。

HR：「抱歉，要向你宣布這個消息。」

林：「這的確有些難以接受，我實在想不通。」

HR：「主要是工作方面的問題，你自己是否有所感覺？」（引導職員自己思考被炒魷魚的原因）

林：「我最近工作是有一點不順心，但沒想到會被開除。」

HR：「其實，暫時的不順並不能展現你的業務能力，也許你更適合別的職業。」（導引員工新的工作方向）

林：「是嗎？」

HR：「就工作來說，不僅要做得有效率，更要做得開心和有成就感，你覺得自己狀態是這樣嗎？」（持續引導）

林：「我當然不會說對自己很滿意，但是突然要說換就換，我可能無法馬上適應相關工作。」

HR：「當然，我們會幫助你發現自己的優勢，也可以為你寫推薦信。

至於你有什麼經濟上的補償要求，我們也可以盡力滿足。」

　　林：「這樣的話，我也只能接受事實了。」

　　上述即是引導型對話，透過導引員工思考，讓對方恢復理智，不陷入情緒的沼澤。引導式談話主要以「你覺得……」開頭，人資可以靈活運用。

溝通賠償問題免於陷入勞資糾紛

　　解僱面談時，除了安慰員工以外，經濟補償也是一大重點。補償多少和開除原因有關，所以人事專員要將炒魷魚的原因說清楚，並要讓對方接受該原因，這樣才能進行後續談話。

　　接著，就是按照國家勞動法規和企業相關制度，說明補償金額的計算方式、組成部分、支付方式及時間，並得到職員的理解。一切談妥後，人資人員不要忘記讓員工在文書上簽字，以免產生日後的勞資糾紛。

　　HR：「經過這段時間的考察，你的工作能力沒有達標，而且在我們公司工作更需要有積極向上的態度，你經常遲到早退，並不適合高強度業務。」

　　A：「其實我自己也感覺到了，我可能真的不適任。」

　　HR：「根據公司規定，如果你按照計畫在 26 日離職，那麼你本月

的結算工資為（基本工資＋職位薪資＋績效獎金×績效係數）÷當月實際天數×（實際出勤天數＋應休息天數）。」

A：「只有結算本月月薪嗎？」

HR：「根據規定，你違反公司《員工辭退管理制度》中的解僱條款，所以不給予薪資以外任何形式的經濟補償。」

A：「我要如何結算工資？」

HR：「這在公司的《員工辭退管理制度》中已經說明過，你只須憑『離職審批交接單』到財務部結清相關費用即可。」

A：「嗯，好的。」

HR：「要是你覺得沒有問題，麻煩在該份文件上簽名確認。」

　　人資在做經濟補償時，要遵循一個簡單的原則，即按照企業規章來溝通賠償問題，千萬不要向員工承諾公司沒有規定的賠償項目。

辦理後續的離職手續

　　結束後，人事還有義務向員工說明辦理離職手續的流程和需要用到的表格及資料。一般來說，離職流程表應包含個人資訊、離職資訊和涉及的相關部門及部門負責人（參見下頁圖表7-3）。

▶▶ **圖表 7-3　離職流程表**

姓名		所屬部門		職務		到職日期	
目前狀態	□見習期　　□試用期　　□已轉正						
保險辦理	□轉出　□停繳日期：　　　年　　　月　　　日						
離職類別	□調職　　□主動辭職　　□辭退　　□勞動契約終止　　□其他：						
提出離職申請日期	年　　月　　日		申請離職日期		年　　月　　日		
正式離職日期	年　　月　　日		申請取走物件				
離職原因概述	（員工如果是主動辭職，由員工本人陳述離職原因並簽名確認；其他情況則由部門或相關主管陳述，並簽名確認。） 概述人簽名：						
部門主管意見							
財務部意見（借款及其他費用）							
人資主管／專員意見							
行政部負責人意見							

（接下頁）

總經理審批			
總公司 審批	對應部門主管意見	人事部門主管意見	總經理審批

　　為了保證員工離職不影響企業正常業務，企業會要求職員辦理好交接。在此過程中，交接雙方一定要簽名存檔，人資會向員工提供公司統一的離職交接清單，以便按規定辦理（參見圖表7-4）。

▶▶ **圖表 7-4　離職交接清單**

日常工作事務及對接聯絡人		是否完全交接？ □是 □否 部門／相關主管確認： 接手人簽名：
未完成工作事務及聯絡人		是否完全交接？ □是 □否 部門／相關主管確認： 接手人簽名：
檔案／資料清單（數量較多時請另附明細清單）		是否完全交接？ □是 □否 部門／相關主管確認： 接手人簽名：

（接下頁）

財務帳款情況		是否完全交接？ □是 □否 部門／相關主管確認： 接手人簽名：
辦公用品、鑰匙、名片、設備及其他物件		是否完全交接？ □是 □否 部門／相關主管確認： 接手人簽名：
注：各項手續必須完全交接清楚後，負責人方可簽名，否則由此造成的損失由負責人承擔。		
申請人簽名		人事經辦人	

第 **8** 章

員工主動說要走，
該留不該留？

離職面談與談解僱不同，是員工主動
提出辭職。為了要降低企業的經營成
本，HR應該盡力挽留。

01 員工的離職成本，比你想得還大

　　勞工主動辭職是企業都會面臨的問題，無論如何，這都會給公司帶來一定的損失和不好的影響，主要包括以下三個部分。

　　損失人才。按照科學的統計資料，一名正式員工離職，企業重新招募新人要花至少4～8倍的薪酬成本，才能重新填補這個空缺。

　　有損公司形象。如果公司內部突然有員工集體走人，那麼企業的外在形象一定會受損，HR一定要注意，不能讓這種情況發生。

　　資源流失。高級人才或技術人才離職，公司不僅會損失客源，還會損失技術資源，這對企業經營來說非常不利。

　　員工離職，企業要因此付出哪些成本？一般來說，有員工離開成本、接替成本、培訓成本和經營損失成本。

・員工離開成本

　　這是員工在提離職後，公司所做的一系列工作和付出的人力、資金。主要包括以下三個成本：第一，人力資源部進行離職面談所要付出的人力、時間成本。第二，各部門多出的工作量，例如，該部門的工作交接、財務部的工資結算，以及行政部的設備回收作業等。第三，離職金補償。

・接替成本

在員工離職後，企業重新找尋新員工以保證生產經營能正常運行，而從徵才到員工正常工作期間，企業耗費的一切資源就是接替成本。主要由以下四個成本所構成：第一，招募事項，像是發布應聘資訊、面試和背景調查等。第二，入職準備，比如合約簽署、製作名牌和入職面談。第三，安排員工體檢。第四，歡迎新人入職、召開部門會議、說明相關事項。

・培訓成本

培訓成本，顧名思義，即培訓新招募員工所花費的各項資源，主要有以下三種：第一，資料檔案，比如員工手冊、培訓資料和部門同事相關資料。第二，培訓課程，例如：網路課程、培訓師直接教導。第三，訓練時間的工作量損失。

・經營損失成本

員工離職後，本工作未進入正軌期間，所受的經營損失就是企業要付出的成本。主要的三個成本有，第一，新員工實習期的低效率和低工作量。第二，培訓員工因輔導新員工而耽誤自身。第三，員工離職後帶走客戶、不能完成訂單，且未能及時處理事項。

員工要離職都有跡象

如果職員有待不住的跡象，管理者不應該一無所知。當然，無論是高階主管還是人資，都能從以下幾點來參考員工是否起心動念想離職。

・頻繁接打電話

一般來說，員工要離職，會提前找好下一個工作，所以在離職前，可能會常常接聽私人電話，與其他公司的人事談話。而交談的場所不會在辦公室內，多半在公司走廊、頂樓天臺等隱密處。

・經常請假

員工如果要找下家公司，必然要參加一些面試，而面試時間大都在工作日，因此如果職員近期較常請假，又沒有特別的理由，HR 和管理者就需要多加重視。

・工作態度消極

如果員工近期的績效直線下滑，工作態度也有所改變，人資要重視這種毫無規律的轉變。可與對方交談，看是否有具體的原因，如家裡出事、身體不適或人際關係問題等。如果找不到特別原因，員工的工作態度消極，不願投入過多心力在工作上，很大可能是有離職的打算了。

・桌面物品的變化

藉由觀察員工辦公桌和辦公物品，也能從中看出端倪，如果辦公桌變得乾淨，減少了很多使用物品，像是靠枕、保溫杯、行動電源及茶飲等，可能已經在慢慢收拾其個人物品了；如果桌面過於雜亂，也沒有怎麼清理，則可能是已經消極對待這些小事，準備提出辭呈了。

以上列舉的離職動向，如果某位員工符合這些情境，那麼他極有可能快要不幹了，HR 可以早點做準備，方便與其面談。

嫌錢少，心委屈了！

員工請辭，公司一般都要進行面談，了解員工辭職的具體原因，以促進企業不斷改進。一般來說，造成優秀員工不做了的原因有很多，如圖表 8-1 所示。

▶▶ **圖表 8-1　員工的離職原因**

原因	具體內容
工作環境	工作環境是很多人選擇工作的一大因素，舒適、自然、乾淨的環境會更加吸引人才，而辦公環境不好，員工因而會受到影響，久而久之就會想離職。

（接下頁）

原因	具體內容
沒有前景	很多事業心強的員工，很看重升職空間和前景，所以對公司的發展有一定的要求。如果公司沒有很好的前景，也不能向其提供更高的職位，這部分的員工就會選擇辭職。
薪資不高	每個人工作最看重的就是薪資水準，如果付出了勞動、知識或技能，與所得的報酬卻不相符，一定會覺得自己的勞動成果並沒有獲得尊重，從而考慮更換工作。
上司無能	俗話說「將帥無能，累死三軍」，在一個好的主管底下做事，能夠學到很多東西，但是如果上級主管沒有遠見，或與自己做事的準則不符，就會讓員工倍感壓抑。長此以往，員工不僅不能好好工作，反而對工作沒有信心，進而產生想走人的想法。
缺乏獎勵	對於能力強的員工來說，往往能給公司貢獻較多的價值，無論是業務、管理，還是技術提升，而對於貢獻較大的員工，如果沒有獲得相對的獎勵，很容易對公司失望。如果其在工作中不能證明自己的能力，相信會很快尋找新的工作。
工作內耗	公司部門的內耗會帶來非常大的惡性循環，員工如果不能全身心投入工作，反而因為公司部門的內耗，得不到較好的績效成績，一定會選擇離開。

　　人資在面談前，可以準備一份問卷，以此理解員工的離職原因，右頁是一份常見的員工離職原因問卷範例。

您好！感謝您能夠抽出寶貴的時間來填寫這份調查問卷，謝謝您的支持與配合！您的意見會讓公司更加完善。

1. 您的性別：

□男　□女

2. 您的年齡：

□18～20歲　□20～30歲　□30～40歲　□40歲以上

3. 您的學歷水準：

□高中　□大學　□碩士　□博士

4. 您在本公司的工作年限：

□6個月及以下　□6個月～1年　□1年～2年　□2年以上

5. 您在本公司的月收入水準：

□25,000～30,000元　□30,000～35,000元　□35,000～40,000元

□40,000元以上

6. 家中住址：

□本地　□外地

7. 您在本公司平均每天的工作時間：

□8小時以內　□8～10小時　□10～12小時　□12小時以上

8. 您對薪酬福利是否滿意？

□很不滿意　□不滿意　□一般　□滿意　□很滿意

9. 您認為公司的氛圍如何？

□工作融洽，同事間工作配合度高

□一般吧，問題解決溝通較少

（接下頁）

□工作氛圍壓抑，新人不被認可，意見很少被採納

□工作氛圍差，出現問題總是很難解決

□其他想法

10. 是什麼原因導致您想離職的？（個人原因）【複選】

□覺得自己不適合這份工作

□工時過長

□交通不便

□回校／進修／創業

□家庭原因

□身體不適

□其他原因

11. 以下可能導致您離職的因素有哪些？（公司原因）【複選】

□公司工作環境

□與同事之間的人際關係不融洽

□工作壓力大

□缺乏晉升機會

□不符合自己的職業生涯規畫

□經常加班

□缺少信任和尊重

12. 您的工作符合您的性格特徵：

□非常符合　□符合　□不符合　□非常不符合

13. 您對公司的管理制度很滿意：

（接下頁）

□非常符合　　□符合　　□不符合　　□非常不符合

14. 公司經常組織培訓：

□非常符合　　□符合　　□不符合　　□非常不符合

15. 您認為公司的薪酬體系很公平：

□非常符合　　□符合　　□不符合　　□非常不符合

16. 您認為公司組織培訓的效果很好：

□非常符合　　□符合　　□不符合　　□非常不符合

17. 您不擔心公司會倒閉：

□非常符合　　□符合　　□不符合　　□非常不符合

18. 您認為您的能力在工作崗位上得到了充分的發揮：

□非常符合　　□符合　　□不符合　　□非常不符合

19. 您認為您的工作與您所獲的報酬相符：

□非常符合　　□符合　　□不符合　　□非常不符合

20. 您對家庭的依賴感較強：

□非常符合　　□符合　　□不符合　　□非常不符合

離職面談不為員工，而是日後企業發展

　　員工離職和情侶分手一樣，最重要的就是好聚好散。對於一個擁有完整管理體系的企業而言，會透過離職面談做好員工辭職的後續工作，並減輕職員辭職所帶來的影響，這有以下三大好處。

·改善不合理制度

　　企業制度不合理，在管理中未必會凸顯出來，企業管理者也很難及時察覺，不過，這會給員工帶來直接的負面影響。此類問題可以在對方提辭職時敞開來說，這樣一來，人力資源部也可以向上回報，供管理階層參考。

　　下面為某次離職面談中，人資與員工針對薪酬制度進行溝通的例子：

　　某公司是國內非常知名的貿易公司，客源多、成立時間久，但是員工流失率一直居高不下，一開始並未引起管理階層的重視。之後，在6月的畢業季，公司正打算招一批業務員進來，卻突然出現大量員工離職潮，這讓企業內部的安排全都被打亂。於是人資部緊急進行招募和離職面談工作，以期將損失降到最低。

　　透過與即將走人的職員商談，HR得知多數員工都對薪酬制度不滿，覺得按照制度中的計算方式，得到的薪酬比同行業差。人力資源部將離職面談的報告上交給管理階層後，企業內部便立即啟動了高層會議，討論如何完善和修改薪酬制度。

　　經過一段時間的整頓，企業將績效薪酬的比例調大，並給予各部門員工補貼，留住了很多員工。

·維護長遠利益

　　離職面談是企業與員工相互溝通、和解的機會，並不意味著要

在爭吵聲中結束聘用關係。職員辭職後，也可以和企業保持友好關係，甚至帶來商業合作機會。

・改進徵才方式

提離職的職員一定與企業有諸多的不合適，比如企業文化、管理制度等，而這些可以幫助人事改進招募方式，總結出辭職人群中的共同顯著特徵，在徵才中剔除掉該類人才，並網羅到更適合企業的人。

02 辭職理由千奇百怪，
怎麼慰留好員工？

　　員工不待了肯定是下了很大決心，並且對公司內部有某些不認可，雖然離職面談的其中一個目的是留住人才，但是人事人員也只能盡力而為，透過真誠、有技巧的對話，得到員工的真實想法，考慮其需求，以期留住對方。

開一個「好頭」很重要

　　很多人資都曾遇過下列離職面談場景，這種毫無技巧的提問，只能得到敷衍的回答，對於留住員工或是得到意見都沒有幫助。唯有企業真正重視離職面談，員工才會當作一回事。

　　HR：「羅××，你好，一週前我們收到了你的離職申請，所以和你約了此次對談。」

　　羅：「嗯，好的。」

　　HR：「請問你離職的主要原因是？」

　　羅：「沒有什麼特別的原因，是我個人的問題。」

　　HR：「嗯，能多說一點嗎？」

　　羅：「不好意思，這是個人的隱私，我不方便說。」

　　HR：「嗯，好的。」

　　羅：「嗯。」

　　HR：「你還有沒有想說的？或是對公司的意見和建議？」

　　羅：「沒有，都很好。」

　　除此之外，人事專員還應該懂得如何設計問題，如何「開頭」很重要。首先必要的寒暄不可少，一兩句就夠了，同時可以從以下幾個面向來開始。

　　天氣。透過聊天氣可以緩解緊張的氛圍，並降低對方的防備心理。比如，「今天天氣真不錯」、「最近總是陰雨綿綿」。

　　新聞熱點。可以談論一下近期的體育賽事、社會話題或行業熱點等，來拉近雙方距離。比方說，「昨天的足球賽你看了嗎？最後的比分真是跌破眼鏡」、「最近聽說××公司被收購了」。

　　民生問題。對於勞健保、房價這類問題，職場人士都會比較在意，可以以此獲得員工的關注和興趣。例如，「剛剛聽說××區的房價又漲了，你買房了嗎？」、「本月保費的比例又上調了」。

　　誇獎對方。可以從對方的精神面貌、穿搭來誇獎對方，並得到其認可。像是「你的套裝搭配得很好」、「你今天狀態很不錯」。需要注意的是，對於女性員工的誇讚，一定不要涉及外貌和身材，以免讓對方感到不適，有性騷擾的嫌疑。

寒暄之後，就要即刻進入正式面談，剛開始不要立刻詢問職員的離職原因，而是詢問員工個人問題，要注意以下要點。

・談話主題要圍繞著員工。
・問題最好與職員的工作相關，但先不要談論離職。
・最好詢問已知的情況，了解員工是否對你敞開心扉。

常見的問題有以下一些範例：

・「最近是不是經常加班？」
・「從你近期的績效來看，你的工作能力很不錯啊。」
・「我記得你之前與王經理有過爭執，是嗎？」
・「你家住在××區，離公司有點遠，你是不是每天通勤會花很多時間啊？你上班是坐公車還是捷運？」
・「你好像不是本地人吧？」
・「最近你們部門的專案還挺棘手的，你一定壓力很大吧？」

透過簡單的問候和詢問員工基本情況，人資可以與對方建立良好的溝通關係，並進一步的深入對談。

別問為什麼，用「什麼」和「如何」開頭

　　人資在與職員有一定的溝通後，就要將話題往離職原因上引導。對於沒有經驗的人事專員而言，可能會選擇直接問：「可以說說為什麼你要辭職嗎？」

　　從談話技巧來看，用「為什麼」來提問，往往只能得到片面、單一的回答，而若以「什麼」和「如何」來開頭，更能讓對方思考問題。其次，想要掌握對方的離職原因，除了明白基本的辭職緣由外，還要懂得從不同角度來確認，這比直接詢問更能得到員工的真實想法（參見圖表 8-2）。

▶▶ 圖表 8-2　離職原因問題清單

角度	具體問題
整體看法	1.你對公司的整體感覺如何？ 2.你的工作是否有足夠的機會發揮你的專長，並有所長進？ 3.你認為公司的工作環境為你的工作創造了良好的條件嗎？ 4.你認為公司的薪資報酬體系如何？ 5.你認為公司的福利計畫如何？還需要做什麼改進？
工作氛圍	1.你得到有關你的工作表現的回饋了嗎？ 2.你的工作表現的評價是否客觀公正？ 3.你對你的主管感覺如何？他是否具備一定的管理技巧？ 4.你向你的主管反映你的問題和不滿了嗎？他解決問題的方式是否令你滿意？ 5.在工作中你與同事合作的怎麼樣？

（接下頁）

角度	具體問題
學習培訓	1.你得到足夠的培訓了嗎？ 2.你覺得自己還缺少哪方面的培訓？這為你造成了什麼影響？ 3.你覺得公司對你的培訓和發展需求的評估合適嗎？是否有滿足這些需求？ 4.你覺得什麼樣的培訓和發展計畫對你最有幫助且最感興趣？
企業文化	1.你對公司的企業文化有何感想？ 2.你覺得公司各部門之間的溝通和關係如何？應該如何改進？
公司制度	1.你對公司對你的考績評估和給出的績效回饋有何看法？ 2.你對公司的績效考核系統有何看法？ 3.你對公司的激勵機制有何看法？你認為它應該如何改進？

結合員工本身情況，再從不同角度發問，人資才有可能得知員工真正離職原因，如下例所示。

HR：「周××，聽你們部門的人說，你和李××都是侯經理的左右手，你們的工作能力很出色，尤其是你。」（提前了解調查）

周：「謝謝。」

HR：「你們部門之前的工作任務多虧有你去聯繫客戶，才能順利簽約。不過在這個過程中，你卻與李××有了爭執，是嗎？」（具體的工作細節）

周：「其實這不是什麼新鮮事了，我們都認識該名客戶，我不過提前聯絡上了他。」

　　HR：「嗯，這說明你的工作能力很強，那麼你覺得這件事對你與李××的同事關係是否有影響？」（試探性的詢問辭職可能原因）

　　周：「這個我不太清楚。」

　　HR：「你們之前工作起來愉快嗎？」

　　周：「還好，但要說特別的默契，也沒有。」

　　HR：「嗯，你有為此心煩過嗎？」

　　周：「有時會很煩心。」

　　HR：「你覺得自己是好相處的人嗎？平時與同事的關係如何？」

　　周：「我很好相處，與同事關係都還不錯。」

　　HR：「那你和李××有私下聚餐過嗎？」

　　周：「一次都沒有。」

　　HR：「如果你們的工作能夠錯開，你會不會覺得輕鬆很多？」

　　周：「這個當然。」

　　從上述例子來看，人事專員不僅提前做好充分準備，還認真傾聽員工講話，並根據對方回答提出相關問題，這對了解離職原因大有幫助。

除了問出原因，還要懂相關法規

　　HR 在做離職面談前，應該了解員工辭職的相關法規，這樣才能在談話中維護公司利益，或是提醒職員在離職時應該注意些什麼。

人資應該知曉的法律條例有以下幾個部分。

·離職申請時間

《勞動基準法》第 15 條規定：「特定性定期契約期限逾 3 年者，於屆滿 3 年後，勞工得終止契約。但應於 30 日前預告雇主。」

《勞動基準法》第 16 條第 1 項規定：「繼續工作 3 個月以上 1 年未滿者，於 10 日前預告之。繼續工作 1 年以上 3 年未滿者，於 20 日前預告之。繼續工作 3 年以上者，於 30 日前預告之。」

透過以上兩條法律我們知道，離職也是有期限的，在離職面談中，人事專員應該向員工說明相關規定，以期得到對方的理解。

·資遣費的計算

根據《勞動基準法》規定：「當雇主終止與勞工的勞動契約時，雇主必須應依法給付勞工資遣費，讓勞動者可以因為資遣費而暫緩被資遣的經濟壓力。」不過資遣費算法在 2005 年 7 月 1 日勞工退休金條例施行後，開始有了新、舊制的差異，算法也有所不同。關於具體資遣費如何計算，如右頁圖表 8-3 所示。

舊制下只能在資遣費與退休金之間擇一請領，新制則是可以同時領。如果離職員工滿足《勞基法》規定的補償辦法，企業應當向勞動者支付經濟補償費用，不過具體的計算應該按規定進行。

勞工可以上勞動部網站（https://calc.mol.gov.tw/SeverancePay/）查詢資遣費試算表，來幫助自己在計算資遣費時可以更加精準；使用

▶▶ 圖表 8-3　新舊制資遣費算法

工作年資	舊制資遣費算法	新制資遣費算法
滿 1 年	每繼續工作滿 1 年，發給 1 個月平均工資的資遣費。	每滿 1 年發給 0.5 個月平均工資的資遣費，且以發給 6 個月平均工資為限。
未滿 1 年	以比例計算給資遣費。	以比例計算給資遣費。
未滿 1 個月	以 1 個月計算。	計算天數。

時，只需要填上你的到職日、離職日、公司的行業類別，以及「月平均工資」即可。

知識延伸　選擇離職面談的時間、地點

在員工提出辭職申請後，人資部就要著手準備離職面談了，在準備好對談的資料後，就可以選擇面談時間了，最好選在週五，一方面是一週的工作能告一段落，而談完之後，也能讓員工在假日思考是否決定離職。

由於離職面談需要保密，因此不能在開放、嘈雜的環境中進行，可以選擇會議室作為面談地點，既寬敞、又不會有人打擾。在談話過程中記得關上門，並掛上「請勿打擾」的字牌。

HR 與員工的座位安排也不用太過死板，最好是分坐於拐角處，而不是面對面坐於會議桌兩側，這樣會顯得很有距離感。

03 人資要做到保密，
對方才願意跟你談

在進行辭職面談時，員工非常沉默、氛圍十分緊張或是心有不滿時，HR 應該怎麼繼續說下去？這些問題都有不同的處理方式，最重要的是人資能夠重視對談，且始終清楚自己的談話目的。下面讓我們一起來看看有哪些常見的面談困難點。

（1）氣氛緊張

如果在面談開始時氣氛就稍顯緊張，人事人員有責任緩解，這樣才能有效執行後續工作。可以試著做以下一些事來緩和氣氛。

- 透過表情和語氣來營造適宜的面談氣氛，讓其感受到真誠。
- 主動替對方倒水，以輕鬆、善意的動作去影響對方態度。
- 注意觀察對方的神情，並站在對方的立場去交談。
- 專注是改變緊張氣氛的一大法寶，讓其知道你有在認真聽。
- 不要在氣氛不對時，強行詢問辭職問題，只會適得其反。
- 不要揭人短，或數落對方。
- 以開放性的問題開始對話。

・不要當場做記錄，應專注於雙方的對話。

・表現出專業，不要隨意糊弄，且要看重對方提出的問題。

知識延伸　離職面談紀錄

由於面談紀錄需要員工簽名，所以在對談結束後，HR 要快速整理，也可借助表格提高作業速度。員工簽名前，要提醒他仔細閱讀，並告知此份紀錄不會洩露出去。

（2）員工帶有不滿情緒

如果感到不滿，人資首先要找到其不悅的源頭。如果職員對所在部門有意見，HR 就要站在客觀角度來傾聽想法。若是對人資部有意見，則要向員工解釋離職面談的必要性，以得到對方的理解。

HR：「你是不是還沒有準備好進行此次對談？」

B：「我還有一大堆事要做。」

HR：「其實人力資源部進行離職面談也是為了多理解一些情況，不僅可以對公司管理進行改進，而且還能幫你認識自己的優勢和未來的發展方向。」

B：「我知道這是人資部的工作，不過你們的流程好像有些亂。」

HR：「我們進行辭職面談，是想多多了解你的想法，之後你只需要按照離職流程表辦理相關手續就可以了。」

B：「好吧，那我們趕快開始吧。」

（3）對話偏離主題

雖然人事專員會設計面談問題，但如果對方思維跳躍，很有可能偏離談話主題，甚至滔滔不絕的講很多情緒性話語。若出現這種情況，HR要盡快制止，將對話拉回來，並控制好商談的時間。

一般來說，要拉回主題，最好用也最常用的技巧是「承上啟下」，即先回應員工所講，再問自己想知道的問題。

* 「你剛才提的狀況我也有相同感受，不過對於我們剛才交流的問題你還有沒有其他建議？」
* 「嗯，公司內部的確有這個問題，那你覺得該如何改進？」
* 「你說的內容我也聽很多員工提過，如果增加設備數量你覺得會對資源競爭有幫助嗎？」

此外，人資也要避免提出太多開放性問題，除了在寒暄時可以詢問外，在深入談話後，要從細節處去掌握有價值的問題。

（4）員工沉默

員工性格不同，在離職面談過程中的表現就大不相同，對於一些內向的員工來說，可能會顯得沉默寡言。HR可以按照右頁圖表8-4的操作方式來引導其談話。

▶▶ 圖表 8-4　根據職員不同個性引導對話

> 首先，人資可從員工自身出發，找到切入點，例如：員工的個人興趣、工作和學校等，拉近距離，建立共同語言。

↓

> 其次，藉由各個角度來引導其說出自身想法，比如，從員工離職後尋找新工作說起，了解對方更看重什麼，或更看重公司的哪些方面。

↓

> 最後，可以透過找到談話的刺激點，來激發其表達欲望，而這個刺激點可以是與員工有關的工作事件，或是人際交往情況。

專業到員工不掩飾、不抵觸

離職面談時，當然是希望員工能夠暢所欲言，將自己心中的想法說出來。但是，由於每個人的想法不同，所以會給面談帶來許多障礙，具體內容如下。

員工有顧慮。有些職員很看重離職後的薪資所得，因此不想因為自己的談話內容而影響最終所得。這時 HR 有義務告知辭職對談的保密性，讓員工能夠放心大膽的交流。

事不關己。有的人打定主意要離職，所以對公司的一切活動都充耳不聞、事不關己，不願與人事專員深入溝通。面對這種情況，人資要給員工一些好處，讓其覺得進行離職面談對自己也有益處，比如，幫忙寫推薦信、做職業規畫等。

員工故意掩飾。有些能力強的職員很快就找好了下家，而且即將就職的公司可能還是競爭對手，因此在做辭職面談時，員工會極力掩飾自己走人的真正原因，並和 HR「打太極」。這時，人資專員就要維持平常心態，拿出開放的態度來應對。

員工抵觸。某些員工離職不是因為自己不適合這份工作，或是與同事有爭執，而是對主管的管理能力和處理事情的方式有所不滿。這樣一來，導致職員對公司的管理階層都存在抵觸情緒，不相信離職商談的效果，總是顧左右而言他，不談任何重點。在這種情況下，人事人員的態度就非常重要。

不夠專業。除了職員不配合外，企業的人力資源部若是不專業，也會影響談話品質。有的辭職員工心態很好，也願意配合企業進行離職面談，但是 HR 前言不搭後語，問題設計跨度大，讓員工根本無法敞開心胸來談。因此，人資應該多加鍛鍊自己的對談技巧，並按流程做好準備工作。

知識延伸　離職面談的四大原則

在進行離職面談時，要時刻遵循四大原則，分別是實際原則、真誠原則、開放原則和直言原則。實際原則即以談話內容的有用性為主，避免虛假空泛的套話，是辭職對談的首要原則。真誠原則即立場中立，不為公司找藉口，也不刻意打壓員工。開放原則即不限制職員的想法，鼓勵其提出有建設性的意見。直言原則即保證談話場所的私密性、開放性，給員工足夠的時間説出自己的想法，並以認真的態度對待。

04 離職面談清單，雙方都好聚好散

　　與所有的商談一樣，離職面談也要按步驟來執行，像是資料準備、設計問題綱領、安排交談流程、進行對談記錄及後續的工作。

提早備好離職資料，不浪費彼此時間

　　在做離職面談之前，HR 應該準備好哪些資料？除了員工的辭職申請書和離職指導手冊，還應該包括以下四份重要的資料。

　　員工檔案。即員工的個人基本資料，包含年齡、籍貫、家庭狀況、畢業院校、工作經歷和績效成績等。透過整理這些基本資訊，能快速了解員工並選擇合適的面談方式。

　　問題綱領。在面談中，不能想到什麼就問什麼，因此，應該在對談之前就設計好談話的綱領，並依據大綱列出具體的問題，可以透過下頁圖表 8-5 來設計。

　　答案清單。離職面談不僅是人資問員工問題，職員也會詢問自己的勞健保移轉、離職證明、薪資發放以及離職手續辦理等。對於常規的一些問題，HR 可以準備一份答案清單，這樣在面談時就能輕鬆應對（參見第293頁圖表 8-6）。

　　離職手續表。離職手續表是在面談結束時，HR 要向員工提供的

▶▶ 圖表 8-5 談話綱領範本

項目	具體細節	
人員	應與哪些相關人員了解情況？	
	需要提前通知他們嗎？	
地點	選擇什麼樣的地點？	
	需要預訂地點嗎？	
資料	員工的個人資料、離職申請。	
	自己的資料。	
物品	需要筆記本或其他的物品嗎？	
	需要準備茶水嗎？	
時間	大概進行多長時間？	
	具體定在什麼時候？	
	能保證中途不被打斷嗎？	
問題	寒暄	
	員工工作	
	離職原因	
	留住員工	
	意見建議	
	祝福未來	

圖表 8-6　辭職問答清單

員工提問	答案範本
請問我離職後，勞健保會如何轉移？	你只需要在辦好離職手續表上面的各項內容後，交到人事部，我們會向你出具「與××解除勞動契約的決定」；然後也會到勞動部勞工保險局中止職工社會保險關係。
是否會給我開具離職證明？	你按要求辦好離職後續事宜後，我們會為你開立離職證明。
那我的薪資該怎麼結算？	你可以到財務部辦理相關手續，先由財務部檢查你是否有拖欠款項（包括所借款項、出差報銷），如有請欠款，先結清後才會再結算工資，並請你在離職手續表上簽名確認。
離職手續的辦理流程有哪些？我應該如何辦理？	這是公司統一的離職手續表，你按照表格辦理即可。

資料，所以要事先準備好，不要到時再去找，以免浪費時間。

科學化安排離職面談，確保雙方達到目的

　　面談是有流程的，運用科學化、合理化來安排，才能保證離職對談得以高效實行，而人事專員可以參照以下四個程序來執行。

（1）面談準備工作

上一小節我們介紹了面談的資料準備，除此之外，人資還要事先備好對談話題，並安排好商談時間、地點，且布置環境，為面談做一個好開端。

（2）面談過程安排

面談過程主要分為下列八個步驟：

1. 請員工入座，以握手、點頭、微笑等來開場。

2. 做自我介紹、表明身分，並向職員簡述本次對談的話題和目的。例如：「您好，我是人力資源部的李××，今天想與您談有關離職的問題，以便做好後續工作，今天面談的結果我會保密，不會對您造成任何不良影響。」

3. 提出問題，範圍要廣，給對方充分的表達空間。

4. 根據對方的表述，推測出離職原因，並給出商談方向，像是慰留、內部調職等。

5. 在對方不拒絕的情況下，深入了解情況。

6. 對談過程中要注意對方的情緒變化，且站在第三者的角度思考，提問時也要展現出公司對員工的關懷。

7. 尊重對方，避免提出涉及離職人員個人隱私的問題。

8. 談話結束，感謝對方配合，以握手等客氣的送對方離開，並祝福其有一個美好的前程。

（3）做好面談紀錄

在開始前徵求對方意見，如果對方擔心會有不良後果，造成對談時態度拘謹，說話放不開，就應當向其解釋說明，表示歉意。用心聽對方的談話重點，並於面談結束後第一時間記錄下與該離職人員的交談情況，方便後續的整理分析。

（4）整理面談紀錄並總結

結束後，HR 首先要根據商談情況為職員做好離職交接計畫，包括再就業的推薦人、辭職手續辦理等。

其次是及時整理面談紀錄、定期分析，總結出該名人員辭職的核心原因及規律，提出相關報告並上報主管階層，以便對公司管理有所幫助。

最後保存資料，並總結自己在此次對談中的優缺點，是否有需要改進的地方，期望下次能做得更好。

知識延伸　10 分鐘原則

人資在面談前，一定對自己的準備很有信心，但要是遇到非常固執、不肯合作的員工，千萬記得不要被困在語言陷阱裡。如果在 10 分鐘內還沒有得到有用資訊，建議盡快結束此次談話，改用離職調查問卷的形式獲取。

國家圖書館出版品預行編目（CIP）資料

人事面談全流程實務：主管與人資必備，找人、識人、薪酬談判、績效考核、離職面談，從好聚到好散，真實對話演練，檢核表格完整收錄。／吳悅著. -- 初版. --
臺北市：大是文化有限公司, 2023.09
304面：17×23公分. --（Biz ; 435）
ISBN 978-626-7328-55-2（平裝）

1. CST: 人力資源管理　2. CST: 面談

494.3　　　　　　　　　　　　　　　　　　112011632

Biz 435

人事面談全流程實務

主管與人資必備，找人、識人、薪酬談判、績效考核、離職面談，
從好聚到好散，真實對話演練，檢核表格完整收錄。

作　　者／吳　悅
責任編輯／許珮怡
校對編輯／林盈廷
美術編輯／林彥君
副 主 編／馬祥芬
副總編輯／顏惠君
總 編 輯／吳依瑋
發 行 人／徐仲秋
會計助理／李秀娟
會　　計／許鳳雪
版權主任／劉宗德
版權經理／郝麗珍
行銷企劃／徐千晴
業務專員／馬絮盈、留婉茹
業務經理／林裕安
總 經 理／陳絜吾

出 版 者／大是文化有限公司
　　　　　臺北市 100 衡陽路7號8樓
　　　　　編輯部電話：（02）23757911
　　　　　購書相關資訊請洽：（02）23757911 分機122
　　　　　24小時讀者服務傳真：（02）23756999
　　　　　讀者服務E-mail：dscsms28@gmail.com
　　　　　郵政劃撥帳號：19983366　戶名：大是文化有限公司
法律顧問／永然聯合法律事務所
香港發行／豐達出版發行有限公司 "Rich Publishing & Distribut Ltd"
　　　　　地址：香港柴灣永泰道70號柴灣工業城第2期1805室
　　　　　　　　 Unit 1805, Ph. 2, Chai Wan Ind City, 70 Wing Tai Rd, Chai Wan, Hong Kong
　　　　　電話：21726513 傳真：21724355
　　　　　E-mail：cary@subseasy.com.hk

封面設計／林雯瑛
內頁排版／思思
印　　刷／韋懋實業有限公司

出版日期／2023 年 9 月 初版
定　　價／420 元（缺頁或裝訂錯誤的書，請寄回更換）
I S B N／978-626-7328-55-2
電子書ISBN／9786267328514（PDF）
　　　　　　9786267328521（EPUB）